# 二次供水设施
# 改造与精细化管理

张立尖　高　峰　舒诗湖　编著

北　京

冶金工业出版社

2023

## 内 容 提 要

本书借鉴了上海市以及国内其他城市二次供水设施改造工程中积累的工程经验、技术成果，总结了供水行业二次供水改造取得的技术成就，反映了上海市供水行业提高饮用水品质的迫切需求。

本书共分 8 章，主要内容包括上海市供水系统及二次供水设施概述、二次供水设施改造前状况、二次供水设施改造技术方案、二次供水设施改造后现状、二次供水设施接管措施与精细化管理平台构建、高品质饮用水实施策略及示范工程建设等。

本书适合政府供水管理部门、供水企业及给排水工程或环境工程技术人员学习使用，也可供高等院校相关专业师生参考。

**图书在版编目 ( CIP ) 数据**

二次供水设施改造与精细化管理/张立尖，高峰，舒诗湖编著. —北京：冶金工业出版社，2021.12（2023.1 重印）

ISBN 978-7-5024-9020-1

Ⅰ.①二… Ⅱ.①张… ②高… ③舒… Ⅲ.①城市供水系统—改造—上海 ②城市供水系统—管理—上海 Ⅳ.①TU991

中国版本图书馆 CIP 数据核字（2021）第 278475 号

**二次供水设施改造与精细化管理**

| | | | | |
|---|---|---|---|---|
| 出版发行 | 冶金工业出版社 | | 电　　话 | (010)64027926 |
| 地　　址 | 北京市东城区嵩祝院北巷 39 号 | | 邮　　编 | 100009 |
| 网　　址 | www. mip1953.com | | 电子信箱 | service@ mip1953.com |

责任编辑　杨盈园　　美术编辑　彭子赫　　版式设计　郑小利
责任校对　郑　娟　　责任印制　窦　唯
北京富资园科技发展有限公司印刷
2021 年 12 月第 1 版，2023 年 1 月第 2 次印刷
710mm×1000mm　1/16；10.5 印张；201 千字；155 页
**定价 59.00 元**

投稿电话　(010)64027932　投稿信箱　tougao@cnmip.com.cn
营销中心电话　(010)64044283
冶金工业出版社天猫旗舰店　yjgycbs.tmall.com
（本书如有印装质量问题，本社营销中心负责退换）

# 前　　言

　　水是生命之源，供水服务设施是构成城市公共基础设施的重要组成部分，供水水量水质不仅直接关系到市民身体健康，还对城市能级与综合竞争力有显著影响。二次供水设施改造作为一项重要民生工程，能够有效改善老旧居民小区的饮用水水质，是解决居民用水"最后一公里"问题的重要举措。自2007年起，上海市政府启动了全市二次供水设施大规模高强度的改造工程，以解决市民生活水平日益提高与饮用水品质落后的矛盾，匹配上海市全球卓越城市的发展定位。历经十余年奋斗，累计完成了上海市中心城区及郊区共计2.2亿平方米二次供水设施的改造任务，并将1.53亿平方米移交供水企业接管。这项民生工程取得了显著成效，保障了上海市居民的饮用水安全，降低了供水设备能耗。上海市二次供水设施改造工程在保障供水安全和提升饮用水品质方面做出的贡献起着良好示范性作用，具有里程碑的历史意义。

　　上海市原有的二次供水设施存在诸多问题，如设施材质腐锈、供水模式杂乱、供水设备能耗过高、水池/水箱内水质浑浊且缺乏日常运行维护、缺少科学的监管措施，影响了居民的饮用水品质。二次供水设施导致的供水水质以及安全隐患等问题，促使市委市政府相关部门及供水行业对二次供水设施进行改造，以保障居民用水安全。针对二次供水设施的改造，上海市政府及相关供水企业前期进行了大量研究和实际工作，例如：采用新型供水管材抑制微生物生长及防止腐蚀发生；设置智能化泵站，根据用水需求进行调速变频供水，达到节能目的；优化水池/水箱水力条件，并做好日常消毒清洗工作，控制微生物滋生和减缓余氯下降过快；提出二次供水设施接管措施，以确保设施改造后平稳运行；构建二次供水设施精细化管理平台，实时监测管网水质及设备运行等情况，并制定合理技术方案以改善饮用水品质；制定实现高品质饮用水技术方案，开展高品质饮用水政策和法规研究，通过建立示范工程，形成可推广、可复制的高品质饮用水供水模式，以逐步实现 2035 年全市饮用水可直饮的发展目标。目前，国内外尚没有一本系统论述二次供水设施改造技术及其示范应用的专著，基于上述原因，作者通过总结上海市二次供水设施改造实践成果，结合水体污染控制与治理国家科技重大专项等研究，同时参阅并归纳大量中英文文献资料，编写了这本系统论述二次供水设施改造工程的图书。

本书共分8章。第1章概述，简述了上海市供水系统及管网的发展和二次供水设施的重要性，同时根据二次供水设施存在的问题，介绍了改造工程量、改造资金筹措过程及工程质量控制办法。第2章二次供水设施改造前综合评估，从供水模式、材质和管理角度介绍了改造前二次供水设施整体状况；同时论述了二次供水模式、材质和管理对水质影响，并分析了改造前二次供水设施的能耗状况。第3章二次供水设施改造方案与绩效评价，详细介绍了二次供水设施的改造过程，并结合政策法规阐述了改造的技术方案，最后建立了绩效评估体系分析改造结果。第4章改造后二次供水设施综合评估，通过选取改造后水质采样点及其检测项目，分析了改造后水质现状，同时从能耗方面详细介绍了改造后二次供水模式能耗现状，并对比分析了改造前后能耗。第5章二次供水设施接管与运行维护，系统研究了二次供水设施改造后的接管要求，同时对接管范围及方式进行了介绍，最后从分级化和制度化角度对设施的运行维护规程进行了阐释。第6章二次供水设施精细化管理，介绍了二次供水精细化管理的必要性，制定了二次供水水质和设施管理技术，并对精细化管理平台组成及运行特点进行了详细描述。第7章高品质饮用水实施策略及示范工程，结合上海市发展战略规划，提出实现高品质饮用水技术策略，通过解读上海市《生活饮用水水质标准》分析高品质饮用水特点，并对水源地水质改善措施，水厂深度处理工艺提升，输配水管网水质稳定保鲜，二次供水模式选择、设备优化、设施运维、在线监管等方面进行了介绍。第8章展望，从移交接管、维护保障和产权归属角度，按照《上海市供水规划（2019~2035年)》要求，对改造后二次供水设施的下阶段工作任务进行简要介绍。通过阅读本书，读者可以进一步了解上海市二次供水设施改造计划及需求，二次供水设施改造涉及的法规和政策，改造二次供水设施的方案与监管策略，实现高品质饮用水策略和建立示范性工程意义，二次供水设施改造技术和经验，改善城市居民饮用水品质中遇到的实际问题等。

本书由张立尖、高峰、舒诗湖编著。参与本书编写、审核、校对的还有赵欣、于大海、顾赵福、刘素芳、孙美慧、汪瑞清、朱文佳、尧桂龙、李娜娜、朱延平、吴霖璟、刘辛悦、苏乐、宁冉、孙晓峰、杨坤、严棋、耿冰、王杨、庞愉文等，一并表示感谢！

本书内容涉及的研究工作得到了国家水专项课题（2017ZX07207005）和上海市科委社发重点项目（19DZ1204400）的资助，同时得到东华大学研究生课程（教材）建设项目资助。在本书编写过程中，参阅了国内外大量相关学术论文，在此向这些作者一并表示感谢！

由于作者水平有限，在诸多问题的研究和认识上还欠深刻，书中不足之处在所难免，恳请读者批评指正。

作　者

2021年9月22日

# 目　　录

# 1 概　　述

## 1.1　上海市供水系统发展

供水事业是保障城镇居民生活和社会发展的基础，关系国计民生。它是满足城镇建设、居民和工业企业需求等的基础设施，能直接影响国民经济发展，在人类生活和生产活动中占有重要地位。城市供水系统的主要环节包括水源、自来水厂、供水管网和二次供水设施等。如何合理取用水源，优化水厂工艺，精细管理供水管线和保障二次供水安全，已成为现代城市建设和管理的重要课题。

上海市地处华东地区，近百年来一直是我国最重要的城市之一。根据上海市发展规划，到2035年，上海要基本建成卓越的全球城市，令人向往的创新之城、人文之城、生态之城，具有世界影响力的社会主义现代化国际大都市。上海市按照具有世界影响力的现代化国际大都市发展定位和城市精细化管理的总体要求进行建设，以"节水优先、安全优质、智慧低碳、服务高效"为目标建设供水系统。上海全市公共供水原水全部取自四大水源地：长江青草沙水源地、陈行水源地、东风西沙水源地及黄浦江上游金泽水源地，如图1-1所示。这四大水源地的

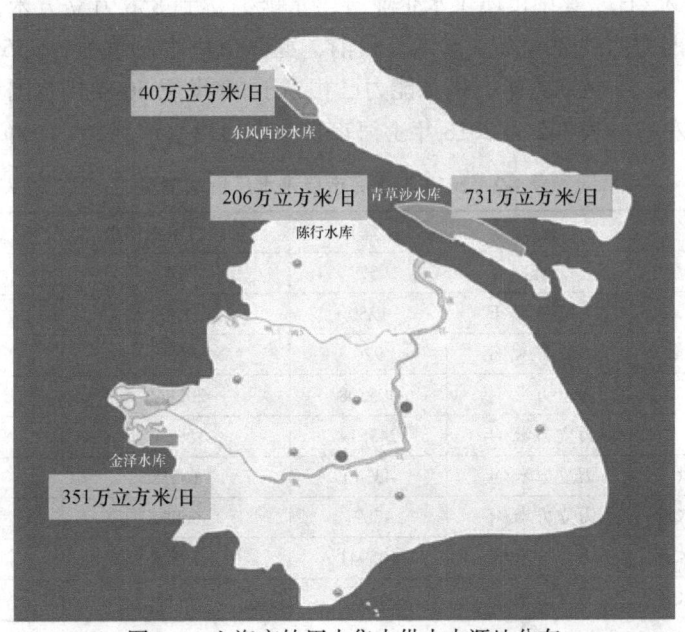

图1-1　上海市饮用水集中供水水源地分布

总取水能力 1328 万立方米/日，年取水总量 32.61 亿立方米：其中长江口取水量 24.37 亿立方米，占取水总量 75.7%；黄浦江上游取水量 7.81 亿立方米，占取水总量 24.3%。表 1-1 归纳了 2018 年上海市水源地取水工程情况。

表 1-1 上海市水源地取水的工程情况

| 水源地名称 | 取水单位 | 取水能力/万立方米·日$^{-1}$ | 取水总量/万立方米·年$^{-1}$ |
|---|---|---|---|
| 合计 | | 1328 | 326085 |
| 长江口小计 | | 977 | 243667 |
| 青草沙水源地 | 上海城投集团 | 731 | 173612 |
| 陈行水源地 | 上海城投集团 | 206 | 63236 |
| 东风西沙水源地 | 崇明原水公司 | 40 | 11133 |
| 黄浦江上游小计 | | 351 | 78104 |
| 金泽水源地 | 上海城投集团 | 351 | 78104 |
| 备用原水工程小计 | | 406 | |
| 金泽水源地 | 上海城投集团 | 406 | |

早在 1883 年上海市就建成中国第一座现代化自来水厂杨树浦水厂，迄今已有 130 余年历史。随着上海市迅速发展及人口增加，仅靠杨树浦水厂的供水量难以满足市内居民、商铺、企业等日益增长的用水需求，上海市又陆续建立了一大批自来水厂。截至 2018 年底，上海市已建成南市水厂、长桥水厂、临江水厂和闵行水厂等 37 座自来水厂，总供水能力也从 1990 年的 520 万立方米/日提高到 1250 万立方米/日，其中市属供水企业日供水能力达到 856 万立方米，郊区供水企业日供水能力达到 394 万立方米。目前，上海市供水总量为 30.55 亿立方米，售水总量为 24.35 亿立方米，供水能力已相当于 20 世纪 50 年代全国城市供水能力的 4.5 倍左右。表 1-2 为 2018 年上海市自来水厂供水情况。

表 1-2 2018 年上海市自来水厂供水情况

| 指标 | 计量单位 | 上海市 | 市属自来水供水 | 郊区自来水供水 |
|---|---|---|---|---|
| 自来水厂数量 | 座 | 37 | 14 | 23 |
| 供水能力 | 万立方米/日 | 1250 | 856 | 394 |
| 最高日供水量 | 万立方米/年 | 920 | 611 | 309 |
| 供水总量 | 万立方米/年 | 305508 | 202846 | 108442 |
| 售水总量 | 万立方米/年 | 243514 | 166588 | 82706 |
| 工业用水量 | 万立方米/年 | 43340 | 16518 | 26822 |
| 城镇公共用水量 | 万立方米/年 | 87891 | 66997 | 20893 |
| 居民生活用水量 | 万立方米/年 | 105941 | 73578 | 32363 |
| 生态环境用水量 | 万立方米/年 | 6342 | 3714 | 2628 |

由表 1-2 可知，上海市年用水总量达到 24.35 亿立方米。其中，居民生活用水 10.59 亿立方米，占用水总量的 43.5%；工业用水 4.33 亿立方米，占用水总量的 17.8%；城镇公共用水 8.79 亿立方米，占用水总量的 36.1%；生态环境用水 0.63 亿立方米，占用水总量的 2.6%。

由此可见，随着供水基础设施建设的持续投入，上海市的供水量已经能够满足市民对用水量的需求，供水行业的主要矛盾发生转移，供水水量不足的窘境得到了彻底解决，水质提升的需求更加迫切。

## 1.2 上海市供水管网的现状

根据上海市政府已批准的《上海市供水专业规划（2019～2035 年)》，上海市将规划形成"1 网和 2 区"的供水系统总体布局。其中，"1 网"是指全市一张统筹调度的供水管网，"2 区"是指主城区供水区和郊区供水区。因此，为了强化一网联合调度，上海市形成以浦西和浦东两个市区供水分区为核心，以嘉定、青浦、松江、金山、奉贤、浦东南片、崇明等 7 个郊区供水区为副中心，布置合理的输配水管网。同时，还积极推进实施各供水分区间的供水干管连通，以提高全市供水管网的安全保障能力。

目前，上海市的供水管网排设主要采用环状形式，所用管道材料主要采用球墨铸铁管，还有一部分为大口径管道采用钢管，管龄最长的在 100 年左右。至 2018 年，全市供水管线总长度达到 38414km，平均供水服务压力 210kPa，供水服务压力合格率 99.21%。图 1-2 所示为 2014～2018 年全市供水管线总长及日供水量。

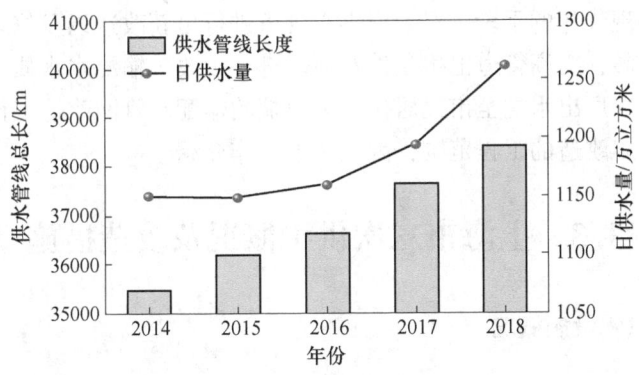

图 1-2　2014～2018 年上海市供水管线总长及其供水量

由图 1-2 可见，上海市每年都对供水管网进行扩建改造，其供水管线长度与时间呈正相关关系，至 2018 年底，全市管线长度为到 2014 年的 1.09 倍。同时，供水量也随时间延长增加，全市日供水量为 1250 万立方米/日（截至 2018 年）。

为了确保管网水水质，上海市根据我国现有的饮用水水质标准——《生活饮用水卫生标准》（GB 5749—2006），对全市出水厂的 42 项常规指标和 64 项非常规指标按标准要求进行检测；同时，对市属供水企业的管网水中 7 项主要常规指标按每月检测两次要求执行。此外，在供水管网中还安装了数百台水质在线监测仪表，实时监测管网水质（主要是总氯和浊度），并设置了报警阈值和水质预警系统；还要求供水企业在对市政管网进行维护过程中注意卫生防护，避免因管网维护不当导致水质二次污染。表 1-3 为 2016~2020 年上海市中心城区供水水质的检测结果。

表 1-3　2016~2020 年上海市中心城区供水水质检测结果

| 年度 | 出厂水 42 项常规指标 | 出厂水 64 项非常规指标 | 管网水 7 项指标 |
| --- | --- | --- | --- |
| 2016 | 99.58% | 100% | 96.53% |
| 2017 | 100% | 100% | 98.62% |
| 2018 | 98.89% | 100% | 99.47% |
| 2019 | 100% | 99.74% | 99.60% |
| 2020 | 100% | 100% | 99.93% |

由表 1-3 国家城市供水水质监测网上海监测站提供的上海市中心城区供水水质合格率数据表明，出厂水常规 42 项合格率、出厂水非常规 64 项合格率和管网水 7 项合格率均大于 95%的要求。说明市区管网水水质优于国家《生活饮用水卫生标准》（GB 5749—2006）。但与国际先进国家及市民对龙头水直饮的需求相比，尚存在一定差距，还不能匹配上海建设成"卓越全球城市"的发展定位。需要通过多种现代化的手段，对老旧供水管道进行更新改造以及修复，增大输水速度，降低水龄，提高管道卫生条件等，以进一步改善输配水水质。需要指出的是，由于从给水厂出水端至市民居住小区前端的输配水管网改造工作不属于上海市二次供水设施改造的工程范围，因此本书不作介绍。

# 1.3　上海市二次供水概况及改造措施

## 1.3.1　二次供水设施概况

20 世纪 80 年代以来，随着城市建设和供水事业的快速发展，我国几乎所有城市都不同程度地采用了二次供水设施，因为高层建筑只有通过二次加压才能满足用户需求。2010 年 4 月 17 日，住房和城乡建设部发布了《二次供水工程技术规程》（CJJ 140—2010），对二次供水设施进行了定义：当民用与工业建筑生活饮用水对水压、水量的要求超过城镇公共供水或自建设施供水管网能力时，通过采用储存和加压等设施经管道供给用户或自用的供水方式。因此，二次供水设施作为城镇供水系统的"最后一公里"，其供水水质的好坏将直接关系到广大居民生活用水的卫生安全。

### 1.3.1.1 国内外二次供水设施概况

国外发达国家如日本和美国等，其给水工艺先进，且管理体制不同，二次供水设施的管理权限清晰，相关法制也较完善，日本和美国等国家的城市中心区的高层住宅，基本采用水池、水泵、屋顶水箱的二次供水方式，并制定了专门的物业管理和检查制度；在郊区，由于普遍是较低的居民住宅建筑，基本采用区域化供水方式，即通过市政管网直接供水，或就近采用地下水经过消毒净化处理后再供给居民使用。

在我国城市和乡镇地区，高层建筑都采用二次供水设施。部分区域设置了屋顶水箱，部分区域采用了传统变频供水方式，少部分区域采用了叠压供水方式。2000年前老旧小区的二次供水设施的给水管道以镀锌管和塑料管为主，长时间使用容易出现水黄和重金属超标等问题。水池（水箱）的材质主要为混凝土，常常由于设施不封闭、清洗维护不及时，导致外源污染、管道腐蚀产生黄水和微生物滋生等问题频繁出现。此外，供水消毒方式以加氯为主，余氯衰减过程受温度、设施卫生程度和腐蚀的影响较大，由于在管道和水池（水箱）中水力停留时间过长，容易造成水质恶化。

在我国供水管网服务压力较低的城镇，其多层建筑也采用二次供水设施。2000年以前，这些水池（水箱）的墙体主要采用混凝土结构，只有少部分采用新材料。采用混凝土和砖砌结构的水池（水箱）极易受环境影响，其卫生安全性不容忽视，屋顶水箱夏季水温普遍较高，余氯衰减极快；未完全封闭的水池（水箱）极易受到外源污染，人孔也是一个薄弱点。

### 1.3.1.2 上海市二次供水设施特点

上海市供水管网压力较低，城区居民住宅普遍配置了二次供水设施，其规模十分庞大，约有高位水箱和低位水池20余万只，水泵近10万台（套），供水管道近3万千米。在材质方面：2000年以前大部分二次供水设施的水泵为铸铁材质，水池为钢筋混凝土结构，内壁为水泥砂浆；大多数水箱为钢筋混凝土结构，内壁为水泥砂浆池壁。部分小区管网材质主要是铸铁管、塑料管、钢塑复合管和镀锌钢管等。在二次供水模式方面，主要包括屋顶水箱供水（无泵房）、水池和水箱联合供水、水池和变频水泵联合供水等。上海住宅可分为老（新）式里弄、简易工房、多层、小高层、高层5类；按产权类型可分为直管房、系统房和商品房等3类。目前居民区多层建筑的1~3层采用市政管网直供，4~6层由屋顶水箱供水；高层建筑一般采用储水池、加压水泵和屋顶水箱组成的给水系统，即由加压水泵将水全部一次提升至屋顶水箱，然后再由水箱通过贯穿全楼的立管向各楼层用水点供水。在 2000 年以前上海市二次供水设施具有以下三个典型的特点：

（1）规模庞大。从本市统计的水表、水箱、水池、水泵和公共管道的数量进行分析，上万个居民住宅小区大部分设置了加压泵房等二次供水设施，规模大的小区有多个加压泵房，其二次供水设施的数量惊人、规模庞大。二次供水设施改造后，同为直辖市的天津市二次供水加压泵房仅 2000 余处；深圳市经区域优化加压后，多层建筑二次供水设施仅有 50 余处。

（2）涉及面广。全国大部分城市市政管网压力较高，多层住宅设置二次供水设施较少，多数集中在高层建筑上。由于历史原因，上海市政管网压力较低，多层建筑普遍设置二次供水设施。

（3）结构多样。随着本市居民住宅建设的稳步推进，二次供水设施建设时间跨度大、标准不一，采用的水泵类型、水箱（水池）材质以及立管材质等多种多样、规格不一，难以统一管理。

### 1.3.2 二次供水设施存在的问题

从水质方面来看，由于上海市住宅小区建造年份各不相同，二次供水设施存在的主要问题有以下几种：

（1）建设标准较低、建筑材质标准较低或年久老化等。

（2）在输送和储存过程对水质造成一定影响，主要表现在水箱水较管网水色度和浊度增加、余氯降低，存在饮用水供水二次污染风险，影响老百姓饮用感受。

（3）从每年用水高峰期反映供水水质问题的投诉看，其中大部分也与二次供水设施有关。

长期以来我国许多城市中居民住宅小区的二次供水设施管理由物业负责，供水水箱、水池、管道等二次供水环节主要由供水企业负责，供水企业只管到街坊管道为止。这样的分工管理存在明显弊端，不利于实现高效管理和难以达到以人为本、方便居民的目的。主要表现为：难以界定职责，使一些用水的老大难问题很难得到根本解决；多头管理，比较容易发生部门之间相互推诿、扯皮等现象，使居民反映的用水问题不能及时解决；居民不了解管理分工，信息迟滞，服务不及时，引起居民不满等。

从设施管理方面看，目前二次供水管理中主要存在以下几方面的问题：

（1）法规不健全，外部执法环境不理想。我国尚无二次供水管理方面的国家法规，有的城市出台了二次供水管理的地方法规，但许多城市还无法可依，致使二次供水设施未经验收即投入使用，同时工艺设计不合理，不能满足用户的正常用水需求。

（2）管理界限不明，责任不清，相互推诿。我国大部分城市的供水企业只服务到二次供水用户前的总水表，日常管理工作由物业公司等单位承担。由于二次供水水质、水压与市政供水管网水质、水压密切相关，因此出现问题时易导致供水企业与二次供水日常管理单位之间互相推诿。另外，由于二次供水日常管理单位基本上只负责泵房内二次供水设施的管理，对泵房外的地下管道及室内管不负责维修更换，因此二次供水管道漏失率较大，常因漏水问题导致水费纠纷。

（3）日常管理不到位。目前，我国二次供水加收水费偏低且收费不合理，有的城市按住房使用面积收取二次供水水费，这种不合理的收费标准导致二次供水水费收取困难。二次供水管理单位普遍亏损，不能按规定对储水池（箱）进行清洗消毒及水质化验、设备维护，时常出现水质、水压不达标的现象，居民对此反映强烈。

（4）管理人员专业水平较低。二次供水日常管理单位的管理人员素质较低、管理水平和效率低下、管理成本较高，已不能适应当前高速发展的社会经济形势的需要。

（5）二次供水设施维修改造资金筹措困难。二次供水设施的维修、养护、更新、改造所需资金较多，其来源却一直不明确，如果由居民分摊则居民难以接受，维修基金的费用只能勉强满足运行费用，无额外资金用于更新和改造等。

上海市作为我国的一座现代化城市，二次供水设施状况将直接影响其城市形象。因此，推动二次供水系统改造，解决现有二次供水设施存在的设施庞杂、水箱及管材老旧、水质恶化管理水平落后等问题，保障上海市居民生活用水的卫生和安全，提升上海市品牌形象迫在眉睫。

### 1.3.3　二次供水设施改造计划

为了切实解决好城乡供水"从源头到龙头"的水质安全问题，提高二次供水设施建设和管理水平，改善供水水质和服务质量，巩固供水集约化成果，促进节能降耗，保障生活饮用水安全，必须从规划层面到实施政策，逐步推进二次供水设施改造。

2002年，上海市政府批复同意《上海市供水专业规划》，提出以发达国家城市供水标准作为全市规划供水水质标准。为尽快实现规划目标，市供水处会同有关部门起草编制了《上海市2004~2010年提高供水水质行动计划》，以进一步改善城市自来水供水水质，提升城乡居民生活质量，建立与市民生活水平不断提高相适应的城市供水保障体系。该计划对二次供水管理体制改革的必要性进行了论证，并建议市政府尽快明确二次供水管理模式，由供水企业实行管水到户；市有关部门制定规范性文件，尽快联合出台相关二次供水设施的材质标准，明晰管理职责分工，落实二次供水设施的改造费用和日常运行费用的来源，对上述工作加以推进。

2003 年初，上海市水务局和市房地局共同筹划了二次供水设施改造和理顺管理体制工作，通过摸清二次供水设施现状、研究设施改造资金需求、分析日常运维成本，形成了二次供水设施改造和理顺管理体制的初步方案，并在普陀区沪太路 1500 弄、闵行区华江小区、浦东新区潼港东八村等小区开展了试点改造，为二次供水设施改造和理顺管理体制工作拉开了序幕。

2007 年，借助"迎世博 600 天行动"，上海市政府批转了市水务局等六部门关于市中心城区居民住宅二次供水设施改造和理顺相关管理体制的实施意见，计划到世博会召开前，完成对中心城区 2000 年以前建造使用的居民住宅二次供水设施的改造，这标志着上海市老旧居民住宅二次供水设施改造工作正式启动。该文件旨由政府主导、市区联手、居民自愿、企业参与的前提下，通过改造和加强管理，使居民住宅水质与出厂水水质基本保持同一水平，达到全面提高供水水质的最终目标。二次供水设施的改造充分体现了上海市政府对这项工作的高度重视，是"城市让生活更美好"的具体实践。市、区各部门、各相关单位紧紧围绕目标，解放思想、开拓创新、攻坚克难、扎实工作，着力推进二次供水设施改造工程，对上海市自来水市南、市北公司和浦东威立雅公司服务范围内（涉及 9 个中心城区以及浦东新区、闵行区、宝山区、嘉定区的部分地区）居民住宅建筑面积约为 2.2 亿平方米的二次供水设施进行改造。其中，中心城区 1.75 亿平方米，郊区 0.45 亿平方米。

2013 年，为继续推进二次供水设施改造，切实提高居民供水水质，改善居民生活质量，上海市水务局会同市建设交通委、市财政局、市房管局研究了继续推进二次供水设施改造工作方案。2014 年 3 月，时任副市长蒋卓庆牵头召开了全市推进会，以市与区签订任务书的形式，明确新一轮改造目标，继续推进二次供水设施改造工作。随后，上海市政府在 2014 年 5 月转发了市水务局等六部门关于继续推进上海市中心城区居民住宅二次供水设施改造和理顺管理体制工作实施意见的通知，目标是从 2014 年起，对上述中心城区内剩余的 1.4 亿平方米建筑面积的二次供水设施进行改造，每年安排 2000 万平方米左右的改造计划。其中，杨浦、虹口、普陀、闸北区（简称"北四区"）合计 0.6 亿平方米；徐汇、静安、黄浦、长宁、闵行、宝山、嘉定区及浦东新区（简称"其他区"）合计 0.8 亿平方米。预计至 2020 年，基本完成中心城区居民住宅二次供水设施改造任务。

2017 年，上海市根据住房城乡建设部等部门联合印发了关于加强和改进城镇居民二次供水设施建设与管理确保水质安全的通知（又公布《关于推进上海郊区居民住宅二次供水设施改造和理顺管理体制的实施意见》），即在 2016 年上海市郊区试点推进二次供水设施改造工作的基础上，于 2017 年全面启动对郊区 2000 年以前建成的老旧住宅共 4358 万平方米的二次供水设施改造。其中，非商品房 1595 万平方米、商品房 2763 万平方米。

### 1.3.4 二次供水设施改造资金筹措办法

第一轮对上海市中心城区居民老旧住宅二次供水设施改造时（2007~2010年），根据"政府主导，市、区联手，居民自愿，企业参与"等原则，居民住宅二次供水设施的改造费用按照"三个一点"的办法，即"政府补贴一点、供水企业自筹一点、住宅维修资金承担一点"，共同筹措。

第二轮即从2014年开始继续推进中心城区内居民老旧住宅二次供水设施改造时，在原来"三个一点"的基础上有所突破，按照上海市政府提出的"市级补贴，居民补充，区级补足"原则，计划筹措资金42亿元，分7年投入。其中，对中心城区内"北四区"以外的非商品房，按照7.6元/平方米补贴，共计3.66亿元；对"北四区"非商品房，按照14.1元/平方米补贴，共计4.06亿元，市级补贴合计为7.72亿元，年均约1.1亿元。供水企业承担水表改造中表具、表箱的材料费用约1.96亿元，其余经费由房屋专项维修资金及区财政资金解决，年均4.62亿元。商品房改造费用列入房屋专项维修资金支出，不足部分由区财政落实解决。

第三轮对郊区二次供水设施改造的资金筹措由上海市按照"分类指导、差别补贴"的原则，并根据各区二次供水设施改造任务及财力状况予以补贴，补贴范围为闵行区、嘉定区、宝山区、浦东新区、奉贤区、松江区、金山区、青浦区、崇明区等九个区的非商品房二次供水设施改造项目。市级补贴标准分为两类：奉贤区、金山区、崇明区为一类补贴地区，补贴标准为14.1元/平方米；宝山区、闵行区、松江区、嘉定区、青浦区、浦东新区为二类补贴地区，补贴标准为7.6元/平方米。

此外，对于二次供水设施改造资金的管理主要由各区政府制定，并报市水务局、市财政局备案。同时，区政府应报送改造计划和分年度资金需求，经市水务局审核后向市财政局提出资金申请；市财政局审核后，按照改造计划数的70%安排补贴资金，并纳入市与区专项转移支付的范围。项目完工清算后，下拨剩余市级补贴资金。

### 1.3.5 二次供水设施改造质量控制方案

二次供水改造任务时间紧、任务重，但市、区各单位始终坚定信心、自我加压，分解任务、层层落实。在充分总结以往改造工作经验的基础上，延续市、区二次供水联席会议的工作机制，突破规范建设流程、寻求技术创新，有效促进了改造工作进展顺利和成果显著。

（1）依靠技术创新，严把工程质量。上海市供水管理处会同相关单位专业技术力量对《上海市居民住宅二次供水设施改造工程技术标准（修订）》等标准进行了修改，细化改造的基本要求和规定，严格控制施工材料的选择、采购、积极推广 PE 水箱内衬等新技术、新材料的使用，以保障供水安全为前提、提高供水水质为目标，稳步提升服务水平和群众满意度。

（2）简化工作流程，提高工程改造效率。上海市供水管理处会同市住建委相关部门通过认真调研，开拓创新，研究出台了《上海市居民住宅二次供水设施改造项目建设管理办法》，从合理便捷、操作性强、周期更短等角度出发，解决了项目报监办理、资料提交难度较大的问题，有效提高了工程改造效率。

（3）紧密衔接改造与接管，提升设施管理服务质量。二次供水设施移交接管目标是实现供水企业管水到表，供水企业按照"改造一批、验收一批、接管一批"的要求，逐步接管二次供水设施。改造工程综合验收时，实施单位和施工单位应与相关供水企业办理工程资料交接手续，并承担保修期内的维修责任；工程综合验收后，区二次供水办应组织实施单位、业委会或居委会、物业服务企业等向相关供水企业移交二次供水设施相关历史资料，同步完成二次供水设施管理移交手续并备案。相关供水企业完成移交手续后应向市二次供水办备案。需要指出的是，二次供水设施的接管，是以住宅小区居民自愿为前提，并且移交接管内容只涉及管理权，不包括二次供水设施的产权；同时还应签订移交接管协议，明确各方权利和义务。

二次供水系统的运行维护应依照上海市地方标准《二次供水系统设计、施工、验收和运行维护的管理要求》（DB 31/566—2011）执行。1）供水企业应建立二次供水水质检测制度。供水区域内每 2 万人设采样点 1 个，可根据供水人口变化酌情增减，采样点的设置要有代表性，可设置在小区泵房出水管、水箱出水管、物业受水点等能反映二次供水水质的位置，每月 1 次对二次供水的采样点水质进行检测。2）供水企业应对二次供水设施进行定期巡检。每月对泵房设备、水池外部设备与环境巡检 1 次；每季度对管道及附属设备巡检 1 次；每半年对水箱内外设备巡检 1 次。发现泄漏等设施故障或供水安全隐患，应及时报修；发现二次供水设施附近存在污染源，应及时清除，杜绝二次污染发生。3）供水企业应建立二次供水设施维护保养制度，保证水箱（水池）蓄水设施正常运行，保证水质、水压合格。

此外，供水企业还应将二次供水水质管理与供水热线紧密结合，通过联网形成覆盖供水范围的二次供水设施管理服务网络，24 小时全天候受理供水用水问题。若发现异常，应及时启动预案，派人现场处置；重大事件可与水务集团运管中心等有关部门的联动，采取有效措施解决；必要时报告上海市供水行政主管部门，尽快解决突发问题。

（4）构建智能化监管平台，强化设施管理水平。供水企业应突破传统管理模式，加强信息化管理水平，建立二次供水设施管理信息化平台（图 1-3（a）、图 1-3（b）），对二次供水设施实行中央集中监控、统一调度，缩短二次供水设

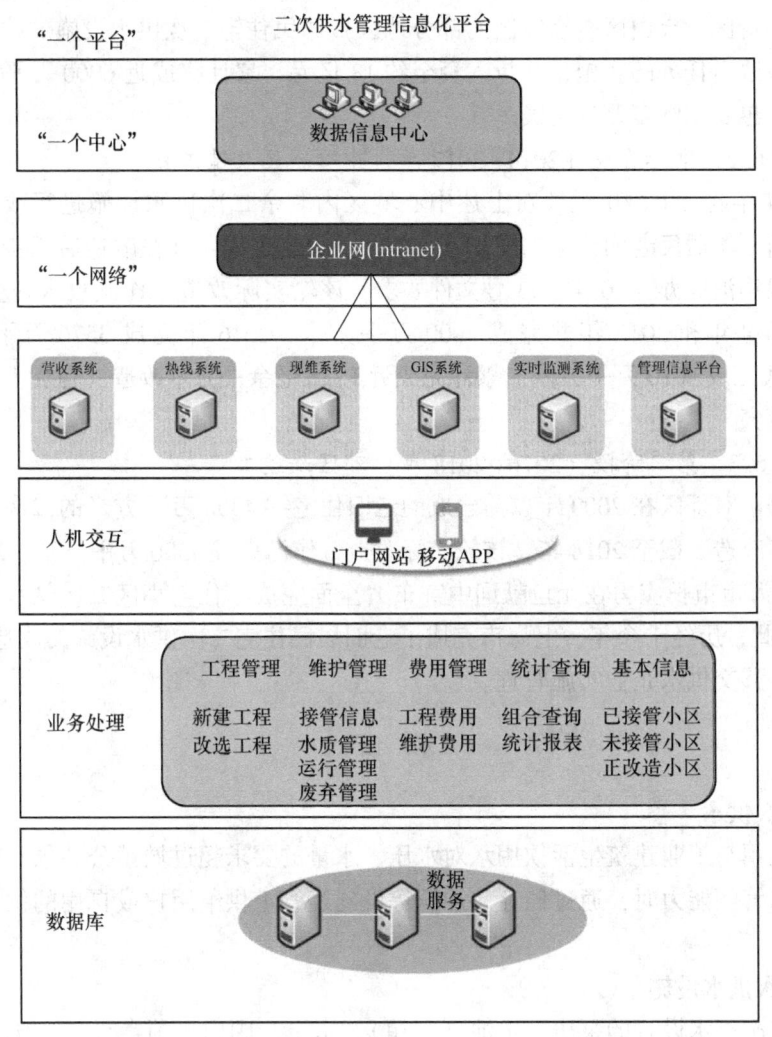

图 1-3 二次供水管理信息化平台

施的维护管理响应时间，降低二次供水设施设备故障率及管理运营成本；逐步设置在线水质、安防、技防等监控设施，并实现信息共享，提高运行效率，规范服务操作；以实现更好更安全地供水，满足市民用水需求。

### 1.3.6 二次供水设施改造实际完成情况

#### 1.3.6.1 第一阶段（2007~2010 年）中心城区试点改造工程

借助世博会契机，并基于上海市按照"政府主导，市、区联手，居民自愿"

的基本原则，积极推进对中心城区世博会周边地区（涉及 9 个中心城区以及浦东新区、闵行区、宝山区、嘉定区的部分地区）居民住宅二次供水设施的改造。通过该阶段改造任务的实施，共投入资金约 18 亿元，累计完成近 6000 万平方米改造工作，惠及 100 多万户居民。

### 1.3.6.2　第二阶段（2014～2017 年）中心城区改造工程

2014 年起，上海市继续对上述中心城区内剩余二次供水设施进行改造，积极推进新一轮居民老旧住宅二次供水设施改造民生工程，并在改造后逐步由水司接管。根据沪府办〔2014〕53 号文件要求，该轮实际改造工作共投入资金约 53 亿元，2014 年和 2015 年共完成 4000 万平方米，2016 年完成 3576 万平方米，2017 年底完成 4010 万平方米，累计完成近 1.75 亿余平方米改造（包含上一轮改造工程量）。

### 1.3.6.3　第三阶段（2016～2018 年）郊区改造工程

上海市对郊区在 2000 年以前建成的老旧住宅共 4358 万平方米的二次供水设施进行了改造。截至 2018 年，该轮实际改造工作已完成 4500 万平方米。2019 年 1 月，上海市市长应勇在元旦献词中宣布"全面完成了住宅小区二次供水设施改造"。至此，历经十余年，上海市完成了老旧居民住宅二次供水设施的改造工作，并将逐步移交供水企业实施管理。

# 术　语

## 1.1　二次供水

当民用与工业建筑生活饮用水对水压、水量的要求超过城镇公共供水或自建设施供水管网能力时，通过储存、加压等设施经管道供给用户或自用的供水模式方式。

## 1.2　二次供水设施

为二次供水设置的泵房、水池（水箱）、水泵、阀门、消毒设备、压力水容器、供水管道等设施。

## 1.3　叠压供水

利用城镇供水管网压力直接增压的二次供水方式。

## 1.4　直供水

由市政管网直接供水的供水方式。

## 1.5　高品质饮用水

原水经水厂净化、消毒处理后，通过供水管网输配给用户，水质稳定达到《生活饮用水水质标准》（GB 5749—2006）、《上海高品质饮用水水质管理导则》的要求，且可满足直接饮用需求的自来水。

# 参 考 文 献

［1］胡传廉.上海市水资源公报.上海：上海市水务局，2018.

［2］周建国，王如琦.上海市供水专业规划［J］.上海建设科技，2004（1）：3-4.

［3］中华人民共和国住房和城乡建设部.二次供水技术规程［S］.北京：中国工业出版社，2010.

# 2  二次供水设施改造前综合评估

## 2.1  二次供水设施整体状况问题分析

清洁的饮用水是人类健康长寿的秘诀之一，二次供水设施作为城市供水的"最后一公里"——水质安全保障的最后屏障，与居民的身体健康密切相关。同时，由于二次供水设施是城市安全供水中的一个关键和薄弱环节，容易引起饮用水的水质污染问题，降低市民生活品质，因此，二次供水设施的建设、运行和管理一直受到国内外政府部门及供水行业的广泛关注。

### 2.1.1  二次供水模式现状

在20世纪80年代末以前，我国大部分城市采用低压制供水模式，即城镇的市政管网供水压力都是以满足普通低层建筑供水（约16m服务水头）来设定给水厂的供水压力。随着城市经济发展和人口增长，加之用地紧张，高层建筑逐渐成为城市发展主流；另外，当建筑物所处地势高或供水管网末端时，水压往往难以满足供水需求。因此，随着我国城镇建设的飞速发展，城市居民住宅逐渐增设了二次加压供水设施。

根据资料统计，在全国667座城市中，采用水池（水箱）二次供水设施的居民住宅占总住宅数97%以上。在深圳就约有7000个生活水池。在青岛市采用二次供水设施的高层住宅有250幢，其中98.4%的住宅（246幢）采用市政管网水作为二次供水的直接水源。在南昌市居民数超过12万的住宅小区使用了二次供水设施的数量为160多个。据武汉市水务局统计，武汉中心城区有二次供水设施共计3440处，总服务人数287万人，有二次供水加压泵站约1700座，楼顶水箱约22000个。

在实施二次供水设施改造工程前（截至2007年5月），上海市中心城区自来水市南、市北、浦东威立雅和闵行公司服务范围内（涉及中心9个整区以及浦东新区、闵行区、嘉定区和宝山区部门地区，居民住宅建筑面积约3.52亿平方米）；供水管网压力较低（0.16MPa），居民住宅普遍配置了二次供水设施，约有屋顶水箱13.82万只、地下水池2.36万只、水泵5.18万台（套）、公共管道26646km。市区居民住宅3层及以下建筑直接以市政管网直供；二次供水设施主要模式有"高位水箱（无加压泵）""加压泵+高位水箱""蓄水池+加压泵+高位水箱"和"蓄水池+变频调速加压机组"，在少数小区还存在"管网叠压或无负压供水"模式。这些二次供水模式的供水流程如下：

（1）高位水箱（无加压泵）：

（2）增压泵+高位水箱：

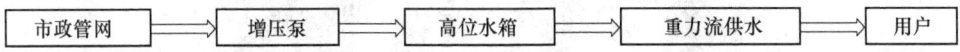

（3）蓄水池+增压泵+高位水箱：

（4）蓄水池+变频调速加压机组：

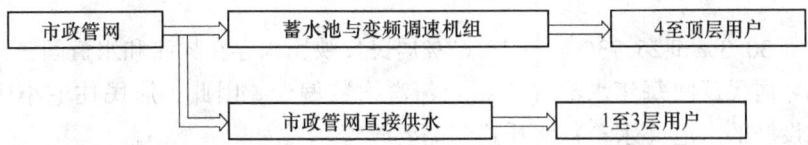

（5）管网叠压或无负压供水：

上述可以看出，增压水泵、屋顶水箱和水池是现有二次供水模式中不可或缺的部分，如果缺乏合理设计、养护和管理，必然会造成供水水质二次污染。

## 2.1.2 二次供水增压水泵和水池（水箱）现状

### 2.1.2.1 增压水泵现状

在 2003 年以前，上海市二次供水设施使用的生活水泵几乎都是铸铁材质。这些水泵产自不同企业，形式有卧式、立式，单级、多级；种类繁多，但均存在噪声大、振动大、效率低、使用寿命短和易出故障等缺点。铸铁水泵长期使用会因缺少专业的维修和保养，出现渗漏锈蚀现象；此外，由于日常的维修管理不善，泵轴与电机轴间易出现松动磨损，加之控制系统自动化程度不高，还会导致故障频发，进而影响二次供水设施的安全使用。这样的水泵既不能满足饮用水水质要求，更谈不上降低能耗，因此在旧区改造中须逐步淘汰，改用新型水泵。图 2-1 所示为上海市某居民住宅小区二次供水设施改造前的加压水泵情况。

### 2.1.2.2 水池（水箱）现状

表 2-1 为上海市启动二次供水设施改造前居民住宅小区内水池（水箱）使用情况的调查统计。由表 2-1 可知，98.6% 的居民认为水池（水箱）使用存在问题。其中，反映管理不善造成二次污染和水箱底部沉积的污染物较多的居民比例

图 2-1　上海市某居民住宅小区的增压水泵情况

分别达到 30.3% 和 25.73%，有 16.67% 居民反映用水存在异味和水黄问题，剩余的小部分居民反映每年水池（水箱）清洗次数偏少。因此，居民住宅小区内二次供水设施的水池（水箱）水质迫切需要改善。

表 2-1　居民对水池（水箱）存在问题的调查结果

| 项目 | 管理不善造成的二次污染 | 池体偏小导致高峰用水时水量不足 | 底部沉积污染物较多 | 水中有异味发黄 | 每年清洗次数偏少 |
|---|---|---|---|---|---|
| 百分比/% | 30.3 | 21.2 | 25.73 | 16.67 | 4.70 |

### 2.1.3　二次供水管材现状

从管道材料来看，在 2003 年以前即上海市二次供水设施改造前，小区管网材质主要是灰口铸铁管、钢管和镀锌钢管。因此本节主要对这些给水管道以及控制阀门等采用的材料进行分析。

在 1999 年前上海市几乎所有的室内给水管道均采用无内衬的镀锌钢管，一般为热镀管，使用寿命长的在 10 年左右，也有一部分采用冷镀管，寿命仅有 5 年左右。这些管材最大的缺点是容易生锈腐蚀，导致水阻增大，降低供水水压；同时还会使水中金属和浊度指标超标，污染供水水质，如图 2-2 所示。管径在 DN100 以上的室外给水管道大部分采用铸铁管，无内衬，容易出现上述室内管道的腐蚀现象；同时，由于铸铁管的柔韧性较差，经过长时间使用后管道会受外界压力影响而开裂损坏或接口松动，产生严重损坏和漏损问题，导致供水的安全性降低。此外，还有一些供水管道由于管径设计偏大，造成管道流速慢、管道内水龄时间过长，容易加速管道的腐蚀和水质恶化。

 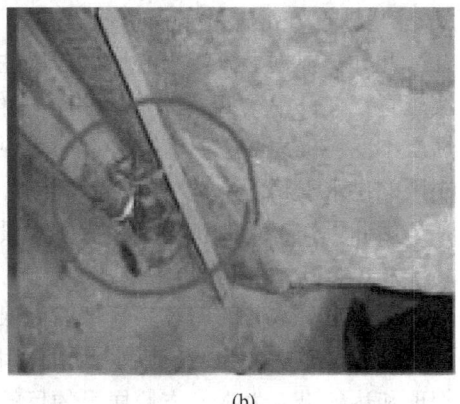

(a)　　　　　　　　　　　(b)

图 2-2　铸铁管道断面腐蚀现状（a）及外壁腐蚀现状（b）

以往我国经济和技术水平不高，导致二次供水设施尚未采用新型管材如球墨铸铁、不锈钢管等，不仅容易造成水质污染，还给查找该设施的水污染源头带来困难，难以判断造成水质污染的原因。因此，提高二次供水设施的管材标准是二次供水设施改造的重要内容之一。

### 2.1.4　二次供水设施管理现状

#### 2.1.4.1　产权归属问题

我国于 2007 年 10 月 1 日修订颁布的《物业管理条例》第九条指出，物业管理区域的划分应当考虑物业的共用设施设备、建筑物规模、社区建设等因素，具体办法由省、自治区、直辖市制定。上海市现行的《上海市住宅物业管理规定》对此并未做出解释。因此，国家和上海市的两个条例都未就物业公共设施、设备作出明确界定。

目前，关于二次供水设备和设施的界定主要引用 1997 年 7 月 1 日起施行的《上海市居住物业管理条例》中第九章的附则，其中第六十二条规定：

共用部位：是指一幢住宅内部，由整幢住宅的业主、使用人共同使用的门厅、楼梯间、水泵间、电表间、电梯间、电话分线间、电梯机房、走廊通道、传达室、内天井、房屋承重结构、室外墙面、屋面等部位。

公用设备：是指一幢住宅内部，由整幢住宅的业主、使用人共同使用的供水管道、排水管道、落水管、照明灯具、垃圾通道、电视天线、水箱、水泵、电梯、邮政信箱、避雷装置、消防器具等设备。

公共设施：是指物业管理区域内，由业主和使用人共同使用的道路、绿地、停车场库、照明路灯、排水管道、窨井、化粪池、垃圾箱（房）等设施。

由上述的界定可以看到二次供水涉及的公用部位应该是"水泵间"，公用设备是"水泵"，而非我们所称的设施。

此外，根据上海市中心城区居民住宅二次供水设施改造和理顺相关管理体制实施意见文件中第四（三）条指出，供水企业管水到表后，二次供水设施产权性质不变，仍为业主所有；并进一步说明，居民住宅二次供水设施是指居民住宅小区的供水水箱、水池、管道、阀门、水泵、计量器具及其附属设施。

由此可知，上海市规定二次供水设施产权归业主所有。

### 2.1.4.2　管理主体问题

多年来，水务部门和房管部门为保障居民的用水做了大量工作，但分工管理弊端日益暴露。人为造成供水管理与用水管理相分割的管理模式不利于实现高效管理和达到以人为本、方便居民的目的。因此，我国城市二次供水管理中主要存在问题的原因：

（1）法规不健全，外部执法环境不理想。我国尚无二次供水管理方面的国家法规，有的城市出台了二次供水管理的地方法规，但许多城市还无法可依，致使二次供水设施未经验收即投入使用，工艺设计不合理，不能满足用户的正常用水需求。

（2）管理界限不明，责任不清，相互推诿。我国大部分城市的供水企业只服务到二次供水用户前的总水表，日常管理工作由物业公司等单位承担。由于二次供水水质、水压与市政供水管网水质、水压密切相关，因此出现问题时易导致供水企业与二次供水日常管理单位之间互相推诿。另外，由于二次供水日常管理单位基本上只负责泵房内二次供水设施的管理，对泵房外的地下管道及室内管道不负责维修更换，因此二次供水管道漏失率较大，常因漏水问题导致水费纠纷。

（3）水费收费不合理。目前，我国二次供水加收水费偏低且收费不合理，有的城市按住房使用面积收取二次供水水费，这种不合理的收费标准导致二次供水水费收取困难。二次供水管理单位普遍亏损，不能按规定对储水池（水箱）进行清洗消毒及水质检验、设备维护，时常出现水质、水压不达标的现象，居民对此反映强烈。

（4）管理人员专业水平较低。二次供水日常管理单位的管理人员素质较低、管理水平和效率低下、管理成本较高，已不能适应当前高速发展的社会经济形势的需要。

（5）二次供水设施维修改造资金筹措困难。二次供水设施的维修、养护、更新、改造所需资金较多，其来源却一直不明确，如果由居民分摊则居民难以接受，维修基金的费用只能勉强满足运行费用，无额外资金用于更新、改造等。

## 2.2 改造前二次供水水质评估

本节调查分析上海市二次供水模式、管材和管理等因素对供水水质的影响，用于寻找二次供水设施存在的关键性水质污染问题，为居民住宅小区二次供水设施的改造提供技术支撑。

### 2.2.1 改造前二次供水水质现状调查

本节选取上海市供水管网和改造前二次供水设施作为检测样点（即采样点），考察不同月份与水质现状关系（见图 2-3）。由图 2-3 可以看出，1~9 月管网水质合格率相对比较平稳，二次供水抽样合格率随气温升高呈现下降趋势。分析主要原因可能是由于温度升高使得管网水在经过二次供水设施后，水体中余氯降解速率加快，不达标的样品数增多。

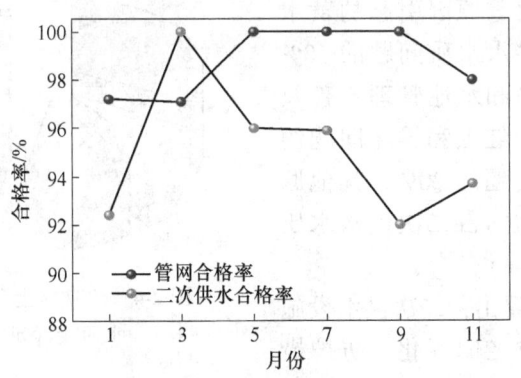

图 2-3　不同月份下供水管网和改造前
二次供水设施的水质抽样合格率

表 2-2 为某住宅小区（老式多层公房）二次供水改造前水质检测结果。其调研数据来源于上海市某个二次供水设施陈旧的小区，可以代表同类型小区的水质污染情况。由表 2-2 可知，与进入二次供水设备前水质相比，屋顶水箱出水浑浊度、铁、色度等均有升高，而余氯下降；屋顶水箱出水与 4 楼用户水质相较，屋顶水箱中水浑浊度增幅较大，铁浓度上升，余氯下降。由此可知，二次供水设施对水质污染的影响比较严重，主要是由于设施内的材质老化、水箱的水力停留时间过长等原因所致。

表 2-2    上海市某住宅小区改造前二次供水水质情况

| 采样点位置 | 细菌总数/CFU·mL⁻¹ | 总大肠菌群/CFU·mL⁻¹ | 浊度/NTU | 余氯/mg·L⁻¹ | 色度/度 | 嗅与味 | 铁/mg·L⁻¹ | 锰/mg·L⁻¹ | 耗氧量/mg·L⁻¹ |
|---|---|---|---|---|---|---|---|---|---|
| 二次供水设备前 | 0 | 0 | 0.41 | 0.20 | 10 | 无嗅无味 | 0.06 | 0.05 | 3.5 |
| 4楼用户 | 5 | 0 | 0.71 | 0.10 | 10 | 无嗅无味 | 0.10 | 0.01 | 3.4 |
| 屋顶水箱 | 20 | 0 | 1.60 | <0.05 | 12 | 无嗅无味 | 0.23 | 0.04 | 3.4 |

此外，根据历年调研资料，2003 年上海市中心城区反映水质问题共 1579 件，其中二次供水引起的水质问题占 52%；2004 年中心城区反映水质问题共 2003 件，其中二次供水引起的水质问题占 49.2%。2007 年各供水公司共受理水质问题 4167 件，其中涉及二次供水水质问题的约占 70%，有逐年上升趋势。

根据反映二次供水水质问题的类型和原因，由管材等原因引起的黄水水质问题占二次供水水质问题的 50% 以上，由屋顶水箱和水池管理不善及长期未清理造成的红虫和异味问题约占二次供水水质问题的 20%，其他原因造成的水质问题约占二次供水水质问题的 30%（图 2-4）。

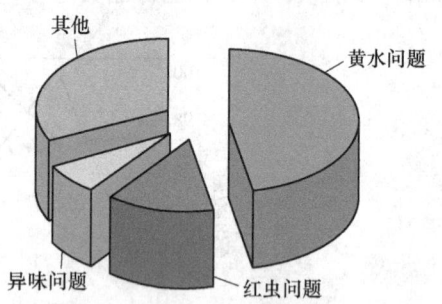

图 2-4    2007 年上海市中心城区水质投诉问题分析

从图 2-4 可以看出，二次供水设施管理不善，如管材老旧腐化、防护措施缺失、水箱（水池）未定期进行清洗消毒等，均有可能造成水质变差，出现黄水、微生物滋生和有异臭味等问题。根据上海市卫生局卫生监督所相关数据，2007 年水污染事件报告书、水污染事件防范措施的合格率 89.0%，水质采样检测中不合格指标共计 1760 项，其中菌落总数、浑浊度、余氯和耗氧量（或高锰酸盐指数）等为主要不合格水质指标，见表 2-3。

表 2-3    二次供水水质检测不合格指标情况

| 水质指标 | 不合格项数 | 占比/% |
|---|---|---|
| 浑浊数 | 124.96 | 7.1 |
| 余氯 | 149.60 | 8.5 |
| 耗氧量 | 814.88 | 46.3 |

| 水质指标 | 不合格项数 | 占比/% |
|---|---|---|
| 铁 | 59.84 | 3.4 |
| 锰 | 35.20 | 2.0 |
| 锌 | 40.48 | 2.3 |
| 菌落总数 | 485.76 | 27.6 |
| 阴离子合成洗涤剂 | 49.28 | 2.8 |
| 合计 | 1760 | 100.0 |

由表 2-3 可知，二次供水模式、管材和管理等已成为引起上海市居民饮用水水质变化的主要原因，其中浑浊度、余氯、菌落总数和耗氧量等主要指标是造成水质不合格的关键水质问题，受到上海市居民的广泛关注。

## 2.2.2 二次供水模式对水质影响分析

本节根据上海市二次供水设施类型、数量和分布情况，结合管网水质监测点布局现状，选取不同供水模式开展水质现状调查，主要包括地下水池+水泵供水模式、地下水池+水泵+高位水箱供水模式、变频泵直接供水模式和管网叠压供水模式等，以研究城市供水经过二次供水设施后相关水质指标的变化趋势。

上海市二次供水设施改造前的水箱及水质现状如图 2-5 所示。当采用市政直供模式时（即市政管道直接供水不经过二次供水设施），居民家中水龙头取水水质与市政管网水水质趋势相匹配；当采用水箱水池二次供水模式时，居民小区（主要是 2000 年前建设的老旧小区）管网水经二次供水设施后，由于水箱长期未清洗消毒，或防护管理措施缺失，或箱体材料腐锈，导致大量微生物附着在水

(a)                                              (b)

图 2-5  改造前屋顶水箱状况（a）及改造前屋顶水箱的水质情况（b）

箱池壁，供水水质明显下降，这与表2-3、图2-3改造前二次供水设施的水质抽样合格率吻合。总之，对老旧小区的二次供水设施改造是保障住宅小区居民饮用水安全的重点。

为进一步了解不同供水模式对水质的影响，选取上海市某一住宅小区内不同供水模式的水质为采样点进行检测。自2013年8月6日开始至2014年9月15日止，在该小区内选取具有代表性的4组采样点，每周4个采样点同时采样测定1次，结果见表2-4。

**表2-4　住宅小区内二次供水水质采样点**

| 序号 | 采样方式 | 供水模式 |
| --- | --- | --- |
| 采样点1 | 2层楼龙头水 | 市政管网直接供水 |
| 采样点2 | 4层楼龙头水 | 蓄水池+加压泵+高位水箱供水 |
| 采样点3 | 5层楼龙头水 | 加压泵+高位水箱供水 |
| 采样点4 | 2层楼龙头水 | 管网叠压供水 |

#### 2.2.2.1　二次供水模式对浑浊度的影响

浊度反映水中含有的泥土、粉尘、微细有机物、浮游动物和其他微生物等悬浮物和胶体物对光线透射的阻碍程度，因此，测定了这4组采样点的浊度，检测结果如图2-6所示。

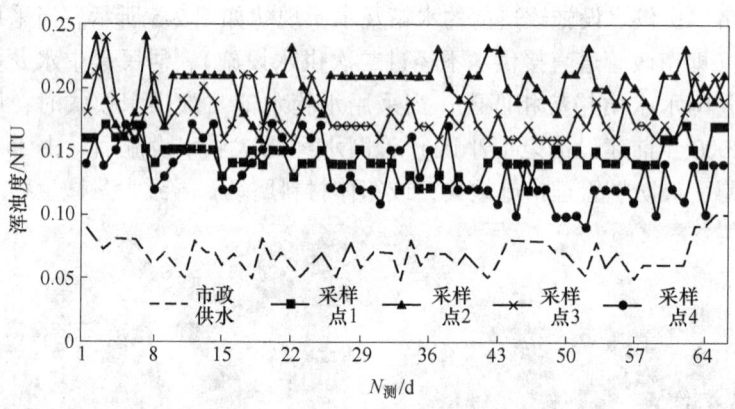

图2-6　不同供水模式浑浊度的变化情况

从图2-6二次供水设施的浑浊度变化情况来看，4个采样点的浑浊度指标值均明显高于市政供水的浑浊度，其中采样点2浑浊度最差，在0.15~0.25 NTU之间，远高于市政供水的0.05~0.1 NTU的范围，增加150%~200%；采样点3的浑浊度次之。据此可推出，污染原因主要来自于二次供水环节，包括蓄水池、屋顶水箱和建筑物内供水立管等。采样点1和采样点4水质情况较好，在0.1~

0.18 NTU 之间，采样点 1 为管网直接供水模式，采样点 4 为变频泵供水模式，均没有水池（水箱）污染，改善了二次供水的浑浊度水平。因此，二次供水的水池（水箱）供水模式会不同程度影响二次供水浊度指标：直接供水最好，其次为变频叠压供水，蓄水池和屋顶水箱联合供水最差。此外，所有二次供水的浊度均高于市政管网水。

### 2.2.2.2　二次供水模式对余氯与细菌总数的影响

余氯的存在能抑制水中细菌和病毒等微生物生长，因此检测了上述采样点对中余氯与细菌总数影响，分别如图 2-7、图 2-8 和图 2-9 所示。

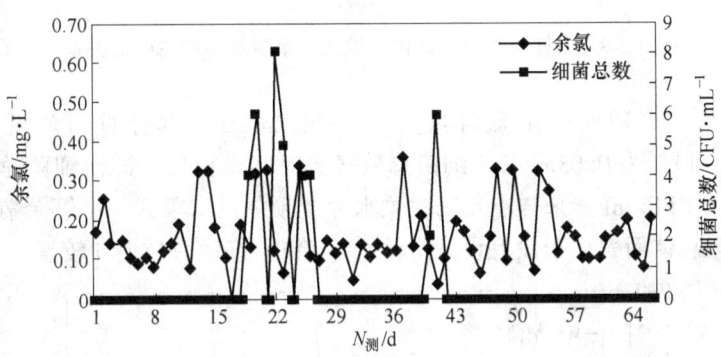

图 2-7　采样点 1 中二次供水模式与余氯和细菌总数的关系

由图 2-7 可知采样点 1 的余氯与细菌总数关系，二次供水中余氯含量较高，通常为 0.10 mg/L 以上，远高于城市供水要求的管网末梢 0.05 mg/L 标准，可以看出，仅有个别样品出现细菌滋生情况，且细菌总数值较低，均小于 10 CFU/mL。因为采样点 1 的二次供水设施为管网直接供水，未采用水池（水箱），因此余氯基本不受二次供水设施影响，余氯浓度保持在较高范围，可有效抑制细菌滋生。

采样点 2 中余氯与细菌总数的关系如图 2-8 所示。从图 2-8 可看出，二次供水余氯含量低于0.05mg/L时细菌总数较高，可达到 20~50 CFU/mL，出现了细菌超标风险。采样点 2 的二次供水模式采用蓄水池+加压泵+高位水箱供水模式，使二次供水的水力停留时间过长，导致水中余氯自行分解或与水中其他物质发生反应而消耗减少，同时水池（水箱）还为细菌滋生提供了生长的活动场所，从而造成细菌总数增加。因此，可考虑改造二次供水设施，减少二次供水停留时间或增加消毒装置，如紫外补充消毒、臭氧补充消毒等，在二次供水余氯低时强化对细菌的消毒作用。此外，由于采样点 3 与采样点 2 均采用了高位水箱，因此二次供水模式中余氯与细菌总数变化的趋势大致相同。

采样点 4 中二次供水余氯与细菌总数的关系如图 2-9 所示。由图 2-9 可以看

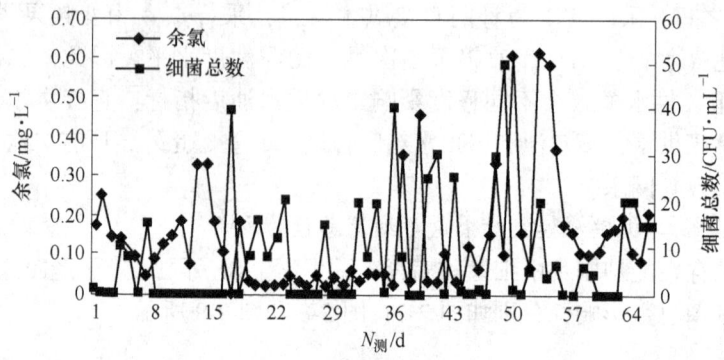

图 2-8 采样点 2 中二次供水模式与余氯和细菌总数的关系

出，采样点 4 多数时间余氯含量为 0.1～0.2mg/L，部分时间余氯含量低于 0.05mg/L，最低为 0.03mg/L，细菌总数多数时间未检出，即使细菌总数有检出也仅为 2～6 CFU/mL。采样点 4 二次供水为变频泵供水模式，尽管余氯有时低于标准值，但总体而言由于没有设置水池（水箱），细菌总数增加较慢。

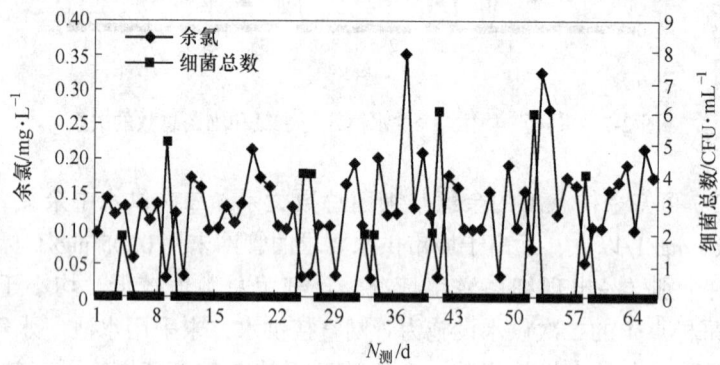

图 2-9 采样点 4 中二次供水模式与余氯和细菌总数关系

#### 2.2.2.3 二次供水模式对高锰酸盐指数（耗氧量）的影响

高锰酸盐指数是反映水中有机和无机可氧化物质的水质指标，因此检测了这 4 个采样点二次供水模式与高锰酸盐指数的关系，如图 2-10 所示。

从图 2-10 中二次供水 COD 变化情况来看，4 个采样点 COD 值差异明显，监测期间市政管网直接供水 COD 平均值 0.84mg/L，其值最小；采样点 4 平均值次之，为 1.53mg/L。采样点 3 的 COD 平均值增长最高，为 2.99mg/L。二次供水设施中 COD 增加的原因是，水力停留时间较长，引起细菌及其代谢产物增多，进而增加了二次供水的微生物和化学污染风险。此外，从图 2-10 中还可看出采样点 1 和采样点 4 的最大值与最小值差距较小。换言之，采用水池/水箱的二次供水设施由于存在较长的水力停留时间，因此对饮用水水质的影响相对明显。

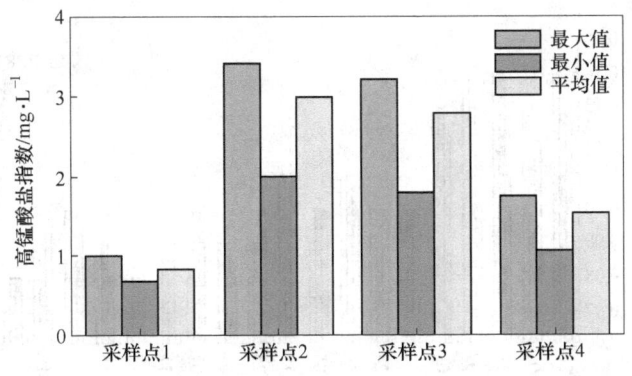

图 2-10 不同二次供水模式高锰酸盐指数的变化情况

### 2.2.3 二次供水管材对水质的影响分析

二次供水设施中使用最多的管材包括 PE 管（聚乙烯塑料管）、PPR（三型聚丙烯管）、钢塑复合管和不锈钢管等。图 2-11 所示为改造前二次供水管道现状。

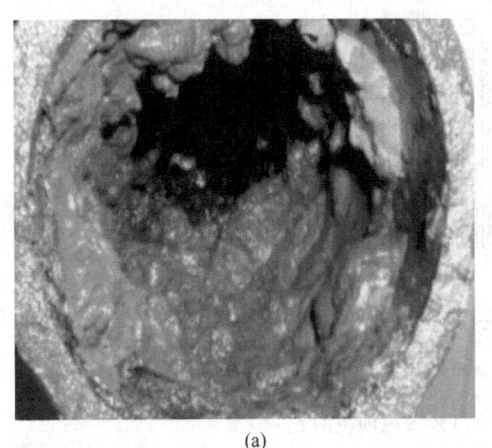
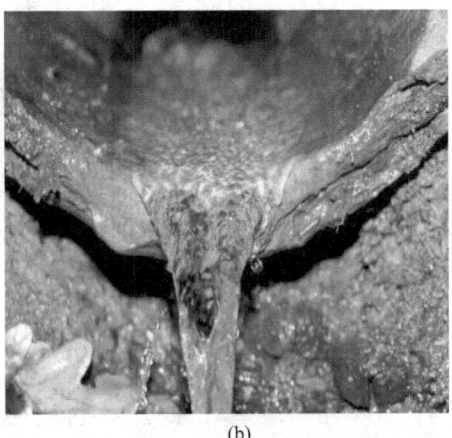

(a)　　　　　　　　　　　　　(b)

图 2-11 改造前二次供水管道现状（a）及二次供水管道内水质情况（b）

图 2-12、图 2-13、图 2-14 和图 2-15 所示为采用平行试验方法分析的 PP–R 管、铁管和 PE 管不同管材对二次供水水质的影响。

从图 2-12 可看出不同管材各个取样点游离性余氯都随着时间推移下降，但是各取样点的余氯或高或低，没有呈现出一定的规律性。

从图 2-13 可以看出，从 2013 年 11 月 26 日到 2014 年 3 月 29 日这段时间 3 个取样点的浊度值高低规律并不明显；在 2014 年 3 月 29 日之后，PE 管内浊度

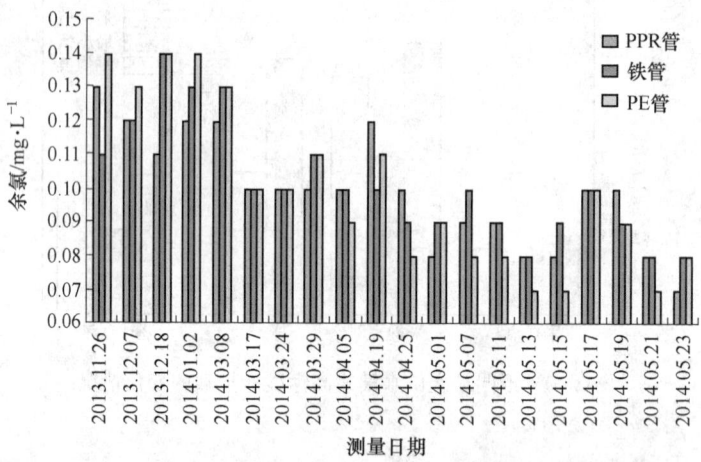

图 2-12 PPR、铁管和 PE 管内游离性余氯值对比

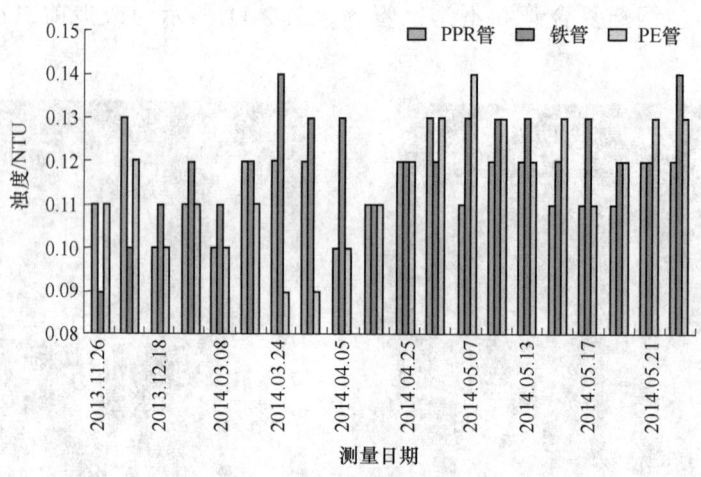

图 2-13 PPR、铁管和 PE 管内浊度对比

值除了 2014 年 5 月 1 日这次测量外全部处于最低，可以推测 PPR 管一定程度上降低了二次供水的浊度值。由此可见，PPR 管材与铁管和 PE 管相比，在一定程度上可以控制管网和二次供水中浊度指标恶化程度。

从图 2-14 可以看出，在实验监测的大部分时间内，PPR 管道内高锰酸盐指数比其他两个取样点略低，说明该管材对有机物浓度升高有一定的控制能力。

从图 2-15 可知，PPR 管道内细菌总数指标明显低于其他两个取样点。

综上，对不同管材 4 项水质指标的对比分析可以看出，除了游离性余氯以

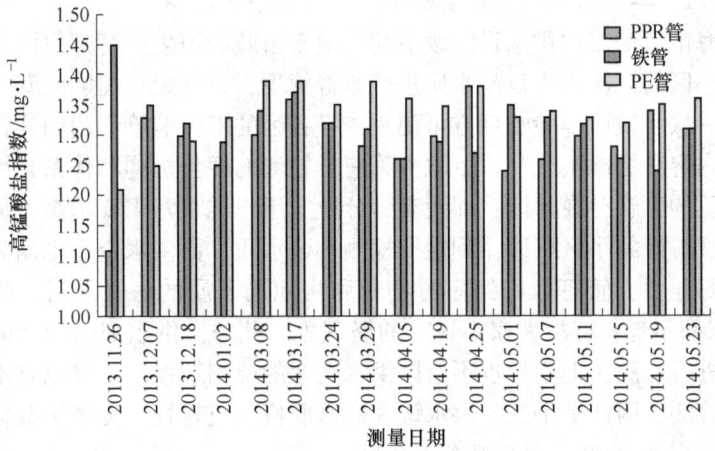

图 2-14　PPR、铁管和 PE 管内高锰酸盐指数对比

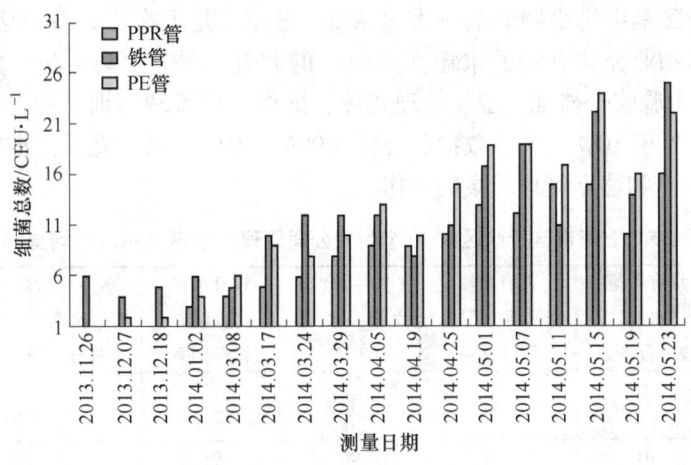

图 2-15　PPR、铁管和 PE 管内细菌总数对比

外，PPR 管材条件下，水质中浊度、高锰酸盐指数、细菌总数要优于其他管材，说明管道材料 PPR 略好于铁质和 PE 管材。

### 2.2.4　二次供水管理对水质的影响分析

在二次供水设施改造以及接管前，上海市居民住宅小区内二次供水设施缺少有序监管，物业公司管理不到位，对水泵锈蚀及水箱（水池）等清洗维护不够重视，供水水质容易受到二次污染，存在较大的安全隐患。二次供水设施对水质的影响主要表现在以下几个方面。

2.2.4.1　二次供水设施水质检测监管呈无序状态

在上海市启动二次供水设施改造前,由于市政府卫生监管部门没有文件规定对各居住小区的二次供水设施水质进行监督管理,只规定在住宅配套竣工投入使用前进行一次水质取样验收后方可使用,且各区的卫生监管部门的操作方式不统一,检测内容和标准不统一,更缺少第三方检测的评价机构和体系,因此各居民小区的水质的监管存在盲区;即使有部分业主用户维权意识要求高,但只有少部分规范管理得好的小区可以做到定期检测小区水质。而供水企业也因为二次供水设施产权归业主,管理权归第三方物业和房地局下属的房管部门,所以就出现"没事大家都不管,有事大家都管"的怪现象。此外,供水部门即使能对二次设施的水质进行检测,但用户也不信服供水企业的检测结果,所以也就不会主动去帮助监督检测,因此整个二次供水设施的水质检测监管处于无序状态。

2.2.4.2　物业公司管理服务不到位

由于部分水池(水箱)所属的产权单位责任不清晰或者第三方物业单位管理不到位,使水箱(水池)长期未清洗、防虫罩破损、水力停留时间过长或余氯不足,导致其中污染物和病菌大量增加。表 2-5 是上海市某行政区内 40 个居民住宅小区物业公司管理的水箱(水池)的调查结果。可以看出,能提供水箱(水池)竣工验收合格证、卫生管理文件、操作人员管理培训证明及卫生许可证的物业公司低于 10%,大多数物业公司(90%~95%)只能勉强完成按规定清理水箱(水池)和建立管理档案的工作。

**表 2-5　上海市某行政区内 40 个物业公司管理的水箱(水池)调查结果**

| 项目 | 具有水箱 (水池) 竣工合格证 | 具有水箱 (水池) 卫生管理文件 | 每年清洗水箱 (水池) 2 次 | 具有水箱 (水池) 管理档案 | 经卫生管理培训的操作人员 | 明确涉水产品卫生许可证制度 |
|---|---|---|---|---|---|---|
| 合格物业数/个 | 4 | 3 | 36 | 38 | 4 | 2 |
| 合格率/% | 10 | 7.5 | 90 | 95 | 10 | 5 |

卫生监管部门还对这些物业公司负责清理水箱(水池)的 251 人进行了相关的卫生知识问卷调查,结果见表 2-6。由表 2-6 可知,97.6% 的清洗操作人员明确水箱(水池)的清理位置;然而,明确如何配置消毒液浓度、使用专业消毒工具及其消毒方法的操作人员还不到 10%。

**表 2-6　上海市某行政区内 251 个负责清洗水箱(水池)人员的调查结果**

| 项目 | 明确水箱 (水池) 清理位置 | 明确消毒液配置浓度 | 明确消毒液使用方法 | 明确使用专业消毒工具 |
|---|---|---|---|---|
| 明确的人数/个 | 245 | 86 | 47 | 18 |
| 明确率/% | 97.6 | 7.5 | 18.7 | 7.17 |

# 2.3  二次供水改造前能耗评估

我国建筑能耗约占社会总能耗的1/3，并且随着人民生活水平的提高，高层建筑不断增加，建筑能耗总量也随之增加。在建筑总能耗中，二次供水设施的能耗占据了相当大的一部分，特别是对于高层建筑和大型住宅小区来说，由于用水量大、扬程高，用水要求复杂，需要相当大的能耗。建筑供水系统中水泵能耗占供水能耗的90%以上，水泵耗能大小直接影响建筑能耗总量。因此，在满足水质水量要求的前提下，如何实现二次供水设施的节能运行，已成为行业关注的热点问题。

## 2.3.1  二次供水模式能耗分析

目前，上海市的住宅小区除了低层建筑采用市政管网直供水外，常用二次供水模式包括高位水箱（无增压泵）、增压泵+高位水箱间接供水、增压泵+水池间接供水和管网水泵的直接叠压供水，这四种供水模式都会引起能耗增加。

从能耗大小来看，高位水箱（无增压泵）能充分利用市政供水管网用水高峰时压力，因此最节能，也是最原始和简单易行的二次供水模式，它是上海20世纪多层建筑中普遍采用的二次供水模式，但存在水质和供水安全不能同时保证的问题；增压泵+高位水箱间接供水适用于用户不允许停水或有水量调蓄要求的小高层、高层建筑，其供水安全节能，但也有水质污染风险；增压泵+水池间接供水适用于市政给水管网的水量、水压经常性不足，管网条件不允许直接增压的情况，与前两种供水模式相比，其供水能耗较高，水质安全性一般；管网叠压供水适用于市政给水管网的水量、水压充足的情况，它比水池变频系统节能，且没有水池（水箱）存在的水质污染风险高，但受市政管网条件限制，持续供水安全性差。

近年来为了优化管网叠压的供水模式，工程技术人员研发了智能箱式泵站（即变频泵+水箱一体化设备）。该模式适用于市政给水管网水压周期性不足、水量充足、管网条件允许直接增压，用户不允许停水或有水量调蓄要求的情况，是节能性、安全性较高的一种供水模式。

## 2.3.2  智能箱式泵站与传统联用水泵和高位水箱能耗分析

通常，采用水泵变速恒压供水即变频泵供水，被认为是一种供水节能方式。为了明晰该供水模式的节能情况，本节对上海市某居民住宅小区内联用变频泵和水箱供水模式（即智能箱式泵站），与传统联用水泵和高位水箱水泵的实际运行数据进行比较。其中，（1）为传统联用水泵和高位水箱供水模式；（2）为智能箱式泵站供水模式，这两种方式均采用 2 台 11kW 泵进行供水。

表 2-7 对比分析了两种供水模式在白天的用电量。从表 2-7 可以直观看出，两种不同供水模式从白天 6：00 至当晚 10：00 的用电量明显不同。（1）供水模式的平均日用电量为 17.3kW·h/d，用电量少；（2）供水模式的平均日用电量为 94.25kW·h/d，是前者平均日用电量的 5.4 倍左右。从节能方面分析，第（2）种与第（1）种相比，节能率为 81%，每年平均节能 28087kW·h/a，按每度电 0.61 元计算，每年可以节省电费 17133 元。

表 2-7　住宅小区内两种二次供水模式白天的耗电量　　（kW·h/d）

| 项目天数 | 第 1 天 | 第 2 天 | 第 3 天 | 第 4 天 | 第 5 天 | 第 6 天 | 第 7 天 | 第 8 天 | 第 9 天 | 第 10 天 | 均值 |
|---|---|---|---|---|---|---|---|---|---|---|---|
| （1） | 15 | 11 | 12 | 13 | 21 | 14 | 13 | 19 | 40 | 15 | 17.3 |
| （2） | 109 | 85 | 89 | 94 | 102 | 95 | 87 | 90 | 114 | 78 | 94.3 |
| （2）/（1）电耗比 | 7.3 | 7.7 | 7.4 | 7.2 | 4.8 | 6.8 | 6.7 | 4.7 | 2.8 | 5.2 | 5.4 |
| [（2）-（1）]/（1）电耗比/% | 86 | 87 | 86 | 86 | 79 | 85 | 85 | 78 | 64 | 80 | 81 |

表 2-8 分析了两种供水模式在夜晚的用电量。由表 2-8 可知，从夜晚 10：00 至第二天早上 6：00 用电量明显不同：（1）供水模式平均日用电量为 2.25kW·h/d，用电量少；（2）供水模式的平均日用电量为 34.8kW·h/d，是前者平均日用电量的 15 倍左右。从节能方面分析，第（2）种与第（1）种相比，节能率为 94%，则每年平均节能 11881kW·h/a，按每度电 0.61 元计算，每年可以节省电费 7247 元。

表 2-8　住宅小区内两种二次供水模式夜晚的耗电量　　（kW·h/d）

| 项目天数 | 第 1 天 | 第 2 天 | 第 3 天 | 第 4 天 | 第 5 天 | 第 6 天 | 第 7 天 | 第 8 天 | 第 9 天 | 第 10 天 | 均值 |
|---|---|---|---|---|---|---|---|---|---|---|---|
| （1） | 2.5 | 3 | 1.5 | 3 | 2 | 2 | 2.5 | 2 | 2 | 2 | 2.3 |
| （2） | 38 | 23 | 40 | 34 | 39 | 35 | 27 | 36 | 41 | 35 | 34.8 |
| （2）/（1）电耗比 | 15 | 8 | 27 | 11 | 20 | 17.5 | 10.8 | 18 | 20.5 | 17.5 | 15 |
| [（2）-（1）]/（1）电耗比/% | 93 | 87 | 96 | 91 | 95 | 94 | 91 | 94 | 95 | 94 | 94 |

此外，从表 2-8 还可知，在智能箱式泵站供水模式下，水箱供水当水箱用完后水泵才启动，水泵每天只需启动数次即可，用电量最少；在传统联用水泵+水箱供水模式下，水泵时刻在运转，维持水泵缓慢运转需消耗水泵电机功率 40% 的

用电量，用电量较高。综上，智能箱式泵站供水模式的能耗明显低于传统联用水泵+水箱供水模式。

## 术　语

### 2.1　二次供水模式

指居民住宅小区内储存或加压供水的方式，主要包括高位水箱（无加压泵）、加压泵+高位水箱、蓄水池+加压泵+高位水箱、蓄水池+变频调速加压机组、无负压供水等模式。

### 2.2　智能箱式泵站

主要由微机变频控制柜、水泵机组、压力传感器、液位控制器（可选）、管路管件和阀门等构成。

### 2.3　耗氧量（或高锰酸盐指数）

在一定条件下，以高锰酸钾（$KMnO_4$）为氧化剂处理水样时所消耗的氧化剂含量，单位为 mg/L。

## 参 考 文 献

[1] 舒诗湖. 城市二次供水加压方式与管理模式探讨 [J]. 中国给水排水，2016，32（4）：16-19.

[2] Marchal R，Chaussepied B，Warzywoda M. Effect of ferrous ion availablility on growth of acorroding sulfate-reducing bacetrium [J]. International Biodeterioration & Biodegradation，2001（47）：125-131.

[3] 宁海燕. 高层建筑生活给水系统的节能和优化研究 [D]. 重庆：重庆大学城市建设与环境学院，2007.

[4] 司小雷. 我国的建筑能耗现状及解决对策 [J]. 建筑节能，2008，36（2）：71-75.

[5] 杨焱明，王永磊. 加强城市雨水排水基础设施建设及城市内涝解决措施探讨 [J]. 能源与环境，2015（1）：19-21.

# 3  二次供水设施改造方案与绩效评价

自 2007 年起，上海市共启动了三轮对二次供水设施的改造工作，对全市的老旧居民住宅内二次供水设施进行了改造，并逐步移交供水企业实施管理。完成如此巨大的工程和繁重的工作量，除了市政府、企事业单位以及城市居民的大力支持，同时也与科学的技术方案密不可分。

## 3.1  改造工程的政策法规

从 2007 年至 2018 年年底，上海市对中心城区 1.7 亿平方米和郊区 4500 万平方米的老旧住宅二次供水设施进行了改造，并依靠政策法规引领，顺利完成了二次供水设施改造。

### 3.1.1  基本原则

3.1.1.1  以市政府实事项目为抓手，规范管理

自 2007 年起，二次供水设施改造工作连续被列入上海市实事项目，受到市政府领导的高度关注。作为二次供水设施改造的责任主体，各区政府同样非常重视，在明确组织机构、落实改造经费、全面推进改造、配合移交接管等方面做了大量的最直接的工作。各区结合自身实际制定了二次供水设施改造实施办法，各区及时调整年度资金预算，落实配套资金；针对各区的改造任务，市财政局落实市级补贴资金，为改造工作提供了有力保障。

3.1.1.2  落实责任，协同并进

市建设管理委负责总体政策研究、综合协调推进；市水务局负责二次供水设施改造和接管工作的组织推进；组织编制改造工作的年度计划，并协调推进落实；制定二次供水改造的有关技术标准和规范，会同相关部门修订居民住宅二次供水设施管理移交办法和二次供水设施运行维护管理暂行规定。市卫生计生委负责组织实施涉及居民住宅二次供水设施的建设项目预防性卫生审核。市住房保障房屋管理局负责配合推进二次供水设施改造和移交接管工作；提供需改造的住宅小区清单，对实施旧住房综合改造的小区优先安排二次供水设施改造计划，做好具体协调推进工作；同时，指导相关区做好居民意见征询、设施移交等工作，督促物业服务企业做好移交前的二次供水设施的运行维护。

此外，各区政府是二次供水设施改造和管理工作的责任主体，负责落实除市

级补贴与供水企业自筹外的改造资金。区政府有关部门负责具体推进二次供水设施改造和移交接管工作，并做好居民意见征询工作。各区县二次供水设施改造主管部门（单位）负责编制改造年度计划，并按照有关要求，具体组织项目实施和配合设施管养移交工作。

### 3.1.1.3 制订标准，注重创新

上海市水务局组织专业技术力量对《上海市居民住宅二次供水设施改造工程技术标准（修订）》等二次供水设施改造的各项标准与规范进行了修订。进一步细化了改造的基本要求和规定，对两根立管、外墙铺设和水表外移等工程予以明确，积极推广应用新技术和新材料；以保障供水安全为前提，提高供水水质为目标，将在线监测等手段逐步运用到二次供水设施改造中，稳步提升服务水平。

## 3.1.2 二次供水接管及运维管理

2016 年初，上海市遭遇极端寒潮袭击，导致部分二次供水设施出现水箱冰冻、水管漏水、水表冻裂情况，使城市供水服务保障经受了严峻考验。为了提高城市抗寒能力，上海市水务局专门部署，编制出台了《上海市居民住宅二次供水设施改造工程技术标准防冻保温细则》；同时，市水务局还制作了防冻保温宣传片并通过地铁、网络等媒体滚动播出，提高居民对二次供水设施的防冻防灾意识，做好寒潮来袭时的应对准备。

### 3.1.2.1 以移交接管为保障，逐步理顺管理体制

二次供水设施移交接管工作是理顺二次供水设施管理体制的重要环节，上海市二次供水联席办在中心城区接管经验的基础上，发布了《关于加快推进本市居民住宅二次供水设施管理移交和接管工作的通知》，用于更好地指导市中心和郊区移交接管工作的开展，并加强居民住宅二次供水设施管理，提高供水水质。

为进一步理顺居民住宅二次供水设施管理体制，加强日常监督管理，确保设施运行平稳，提升服务水平，市二次供水联席办下发了《关于加强本市居民住宅二次供水设施运行维护监督管理工作的通知》，对供水企业职责、物业职责、行业监管和社会监督等四个方面做了明确规定，并加强了行业监管力度，要求供水企业和物业协同做好二次供水日常管养工作，避免相互推诿。

### 3.1.2.2 以信息系统为平台，提升智慧管理水平

通过逐步建立二次供水设施管理信息化平台，提升二次供水设施运行的智能化水平；逐步设置在线水质、水压、安防、技防等监控设施，并同步将水质、水压等数据接入市供水处建立的上海市居民住宅二次供水设施信息监管系统，实现信息共享，提高运行效率，规范服务操作。通过逐步建立维护管理系统，对二次供水设施的计划性维护、日常巡检、应急抢维修等进行管理，并做好维护抢修数据记录；同时，上海市政府督促各区供水行业管理部门逐步建立居民住宅二次供水设施信息监管系统，及时获取二次供水信息；加强二次供水设施维护改造管理，监督供水行业生产运行，稳步提升供水服务水平。

# 3.2　改造工程的技术方案

根据第 2 章中二次供水设施现状分析可知，二次供水设施布置模式、二次供水设备设计、选材和管理等均对供水水质有影响，因此，二次供水技术方案必然涉及二次供水设施模式比选、供水管材选取、水箱（水池）优化设计、二次供水设施管理形式构建等内容。

## 3.2.1　二次供水模式比选

二次供水模式呈多样化，不同的供水模式各具特色。表 3-1 对上海市二次供水模式的优缺点进行了分析总结。

由表 3-1 可知，根据是否设置高位水箱，可以将这 5 种二次供水模式分为两类：一类是"高（低）位水箱+水泵"模式，另一类是"管网叠压"模式。

"高（低）位水箱+水泵"模式的优点：当市政管网短期停水或临时检修时，依然可以保障住宅小区内居民用水需求，可靠性高；同时水泵流量和扬程相对恒定，可在高效区内运行；用水舒适，对市政供水管网影响较小。缺点：水箱水质存在二次污染风险；对建筑物顶层结构及用水压力有一定影响；市政管网余压利用率低。

"管网叠压"模式的优点：占地面积小，有效利用市政管网余压，水质安全性相对较高；缺点：供水调节能力差，因此可靠性低；在高峰用水时，容易对市政管网造成不利影响；无削峰作用，给高峰用水时市政供水系统带来较大负担。

综上所述，上海市原有的二次供水模式复杂多样、规模庞大，同时存在极大的水质二次污染风险和能耗浪费，需要针对接入住宅小区的市政管网水压水量建筑高度和建筑功能等，合理地对二次供水模式进行系统性改造。

**表 3-1　上海市二次供水模式运行特点及优缺点**

| 二次供水模式 | 运 行 特 点 | 优 缺 点 |
|---|---|---|
| 高位水箱（无加压泵） | 夜间通过市政管网压力将水压入高位水箱，在白天高峰由屋顶水箱重力流向用户供水 | 具有调蓄水量能力，供水压力不稳定，但易造成水质二次污染 |
| 加压泵+高位水箱 | 用水低峰期通过水泵把水打入高位水箱存储，用水高峰时由屋顶水箱重力流向用户供水 | 供水压力稳定，但易造成水质二次污染 |
| 蓄水池+加压泵+高位水箱 | 市政管网水先进入低位蓄水池调蓄，夜间低峰通过水泵将低位水池的水打入屋顶高位水箱存储，白天高峰期由屋顶水箱重力流向用户供水 | 受市政管网水量水压影响最小，相对节能，但存在水质二次污染风险 |

| 二次供水模式 | 运 行 特 点 | 优 缺 点 |
|---|---|---|
| 蓄水池+变频调速加压机组 | 无高位水箱，水量及水压由变频调速加压机向用户直接供给 | 供水压力稳定，蓄水池需要定期清洗 |
| 管网叠压或无负压供水 | 适用于水量水压富余的老旧小区，不需要设置蓄水池和高位水箱 | 有效利用市政管网压力，无水质二次污染风险，但供水可靠性低 |

## 3.2.2 供水管材选取

第2.2.3节中分析了不同管材对二次供水水质影响，在此基础上，本节从施工环境、使用寿命和经济条件等方面分析不同供水管材的适用性，为二次供水设施输水管材的筛选提供理论参考。

（1）钢管：强度高，能承受较高工作压力；管道敷设方便，管材及管件易加工；适应性强，特别是地形复杂的地段采用钢管较方便。但是埋地钢管易受腐，必须对其内外壁作防腐涂层，必要时需作阴极保护，使用年限能达30年或更长，同时造价较高。此外，其接口形式比较灵活，可焊接、法兰、丝扣以及特制承插口，一般为刚性连接。

（2）球墨铸铁管：其耐压强度高，具有较高的伸长率、屈度、抗拉强度；管件规格齐全，能适应各种安装需要。在管道施工过程中，管道接口通常采用承插接口，系柔性接口，拆装方便，承受局部沉陷能力较强。通常，需要在球墨铸铁管外表防腐，即首先喷涂锌层，再喷沥青保护，其管壁内衬水泥砂浆，耐腐蚀能力强于钢管，但是弱于非金属管道；一般有50年的使用寿命，比钢管的使用寿命长，但是造价较高。

（3）硬聚氯乙烯管（PVC-U）：该管化学稳定性好，耐腐蚀性好；水力性能好，管道内壁光滑，阻力系数小，不易积垢；管道重量轻，可采用承插式连接或黏结，施工安装方便，维修容易；造价较低。然而，它强度较低，低温时管道变脆，高温时呈软状。

（4）聚乙烯管：该管除具有PVC-U管的优点外，属柔性管，对小管径管可用盘管供应，运输、敷设方便，可将PE管连续送入旧管道内作为旧管道的内衬，不用开挖路面，施工方便、造价低廉。

（5）塑钢管（PE）：该管质量轻、造价低、运输方便；不会发生腐蚀现象，无毒害，安全卫生；还具有较高强度，耐压性好，且抗冲击力强；此外，耐温性好，使用寿命50年以上；易安装、易维护、适用性强。

（6）聚丙烯管：该管除了具有塑料管道的优点以外，还具有以下优点：冲击韧性高、脆化温度较高、耐热性优良、线膨胀系数高、耐紫外线能力差；低温时，力学性能明显下降。

由上述分析可看出，每种管材各有优缺点。考虑到二次供水管网大多在居民区内，供水管径比较小、数量多，小区地下管线复杂、施工空间小、地质条件差等因素，因此在选择二次供水管材时，可以结合如下几个方面进行考虑：(1) 管材物理性能好，保证安全供水；(2) 管材安全环保，易于运输和维护；(3) 使用寿命长；(4) 水力条件优越，水头损失小；(5) 在保证使用功能的前提下，尽可能降低投资。此外，还需要按照规定做好设备及管道的内外防腐，加强管网的冲洗，并按《建筑给排水设计规范》(GB 50015—2003) 要求安装倒流防止器。

### 3.2.3 水箱（水池）优化设计

在储蓄过程中，水池（水箱）内生活用水的水力特性是影响水质的主要因素之一。传统储水装置的设计目的主要是最大限度地满足生活、消防等各种用水的需要，起到调节水量的作用。然而，过于强调水量的蓄储调节功能，必然会加大容积，导致水池（水箱）中水力停留时间延长和水流状态的改变，存在水质下降风险。因此，可采用以下方法对水池（水箱）进行改造：

(1) 减少消防用水储量。由于一般高层建筑或大体量建筑的室外均有喷水池等水景设施，该部分水量可作为建筑物的室外消防用水量，因此可以减少地下水池容积，降低工作造价；同时还可降低地下水池的水体循环周期，对保障水质新鲜度具有非常积极的作用。

(2) 水池（水箱）材质改造。新建的水池（水箱）可采用SUS304食品级不锈钢材质，或对原有水池或水箱材质进行更换，如在池内壁贴PE膜，以减少池内细菌滋生和增强耐腐蚀。

(3) 改变水池（水箱）内水力特性。调查表明，由于储水装置存在一定面积的死水区，而较差的水力特性会对水质产生不良影响，甚至使水质恶化，因此，应通过在池内增设导流板的方法，增大水流流速，减小死水区面积。

(4) 补充消毒。针对水池中水力停留时间过长，引起藻类或微生物滋生问题，可以通过安装二次供水补充消毒装置进行解决，推荐采用次氯酸钠和紫外消毒方式。

### 3.2.4 二次供水设施管理形式构建

二次供水设施管理形式同样是影响供水水质的重要因素。目前国内常用的二次供水管理形式主要有以下四种：统一运行二次供水管理、专业化管理和服务外包相结合模式、供水企业与物业并存管理模式、市场化管理模式。这些供水管理形式的主要特点如下：

(1) 统一运行二次供水管理。新建二次供水设施或二次供水设施改造工程，通过供水企业统一接管，并由供水企业自行承担该设施的日常管理、运行养护和更新改造等工作。采用这种管理模式优势是施工质量可以得到保障，管理责任清晰，可进行规范化管理；缺点是产权移交存在法律争议，供水企业承担的运营费用无法从水价中充分体现。因此，统一运行二次供水管理适合二次供水设施规模小和数量少的地区。

（2）专业化管理和服务外包相结合模式。二次供水设施由供水企业统一接管后，再由供水企业将二次供水设施运行养护作业外包给具有相应资质和信誉好的物业公司共同管理运行。双方签订相应的运行养护作业合同，明确管理层和作业层职责，严格工作流程。采用这种管理模式优势在于管养分离，充分发挥管理和作业两个方面的专业优势；缺点同样是产权移交存在法律争议。因此，专业化管理和服务外包相结合模式可作为二次供水设施管理的一种探索，适用于新建二次供水设施。

（3）供水企业与物业并存管理模式。在住宅小区物业进行二次供水设施管理的同时，供水企业同时参与二次供水管理工作。优势在于引入了市场机制，有利于在短期内集中和较快解决历史遗留问题，对于物业管理较好的区域可继续发挥物业管理的优势；缺点是可能导致水价双轨制。因此，该模式适合于政府还没有将二次供水设施交给供水企业接管作出规定的住宅小区。

（4）市场化管理模式。二次供水设施管理通过市场方式予以解决，供水企业不参与管理工作，仅在政府部门领导下，参与研究和起草制定实施二次供水规范化、标准化文件，以及进行二次供水设施验收和监督等工作。优势是产权和各方责任明确，有利于提高二次供水效率，提升服务，降低成本；缺点是对法律、政策实施环境要求较高，要制定市场准入与退出机制、市场竞争规则，以及二次供水设计、施工、验收与运行维护管理等一系列技术标准。因此，该模式适合于业主自主管理意识较高的住宅小区。

综上所述，由于各住宅小区的供水模式有所区别，应依照地方相关法规，并结合各自实际情况，建立适合本小区的二次供水设施管理模式。

## 3.3  设施绩效评价

### 3.3.1  绩效评价体系构建

#### 3.3.1.1  绩效评价的目的

二次供水设施改造工程绩效评价的目的是，通过了解改造过程的实际实施情况，运用绩效评价的方法考察财政资金对项目投入与产出的适应性和合理性，使用与管理的合法性与合规性，预期绩效目标的实现程度，各受益方对项目的满意度；同时，通过评价工作对项目实施过程中的经验和做法进行总结和提炼，发现亮点和问题，在今后相关政策的制订和项目实施，提供参考和借鉴。

二次供水设施改造工程绩效评价的主要内容有了解收集项目相关政策、文件和数据资料；设计绩效评价指标体系；制定评价方案并经评审通过后实施；开展社会调查，进行后期数据汇总分析和撰写绩效评价报告等。

**3.3.1.2　绩效评价依据**

二次供水设施改造工程绩效评价体系的建立依据，主要基于以下政策文件：

（1）《财政部关于印发〈财政支出绩效评价管理暂行办法〉的通知》（财预〔2011〕285号）。

（2）《上海市人民政府办公厅转发市财政局关于全面推进预算绩效管理意见的通知》（沪府办发〔2013〕55号）。

（3）《上海市财政局关于印发<上海市预算绩效管理实施办法>的通知》（沪财绩〔2014〕22号）。

（4）《上海市人民政府办公厅关于成立上海市二次供水设施改造和理顺管理体制推进工作联席会议的通知》（沪府办〔2014〕48号）。

（5）《上海市人民政府办公厅转发市水务局等六部门关于继续推进本市中心城区居民住宅二次供水设施改造和理顺管理体制工作实施意见的通知》（沪府办〔2014〕53号）。

（6）《上海市居民住宅二次供水设施改造工程管理办法（试行）》（沪水务〔2014〕974号）。

（7）《上海市加强住宅小区综合治理三年行动计划》（沪府办〔2015〕13号）。

（8）《上海市水务局、上海市城乡建设和管理委员会、上海市住房保障和房屋管理局关于进一步加快推进本市二次供水设施改造和理顺管理体制工作的通知》（沪水务〔2015〕757号）。

（9）上海市城乡建设和管理委员会、上海市水务局、上海市二次供水设施改造和理顺管理体制联席会议办公室《关于印发〈上海市居民住宅二次供水设施改造项目建设管理办法〉的通知》（沪建建管联〔2016〕249号）。

（10）《上海市人民政府办公厅转发市水务局等五部门推进市郊区居民住宅二次供水设施改造和理顺管理体制实施意见的通知》（沪府办〔2017〕30号）。

（11）《上海市居民住宅二次供水设施改造工程技术标准（修订）》（沪水务〔2014〕973号）。

（12）《关于进一步完善本市居民住宅二次供水设施管养机制的实施意见》的通知（沪建管联〔2015〕81号）。

**3.3.1.3　二次供水设施改造工程绩效评价体系制定流程**

（1）评价前调研，与项目相关部门工作人员联系，收集相关资料，政策法规和行业资料，准备评价工作实施阶段所需收集的资料清单；

（2）设计评价指标，编制项目评价方案和相关调查问卷；

（3）初步征求委托方及项目单位意见，完善指标体系的设置；

（4）向绩效评价组织方提交评价方案，并根据方案评审意见进行修订。

### 3.3.1.4 绩效评价原则和方法

（1）评价原则。绩效评价以客观、公正、科学和规范为原则。从项目概况入手，在分析政策文件的基础上，综合考虑项目的背景、目的、内容、预算和资金使用、管理机制等因素，围绕居民住宅二次供水设施改造工程的绩效目标，进行绩效评价指标体系的设计。绩效评价旨在全面考察项目决策、项目管理和项目绩效，并以此为依据，设计基础表和社会调查方案，以全面支持绩效评价工作的开展。

（2）评价方法：

1）政策、文献研究法，通过学习和研究项目相关政策和文献，获得项目背景、范围、内容、绩效目标及预算资金安排等信息，以评价项目的决策和项目管理。

2）比较法，通过与考核标准和项目计划数值进行比较，算出绩效值。

3）公众评判法，通过公众问卷调查、访谈、专家评估等方法，对项目效果进行评判，得出绩效目标的实现程度。

4）现场调研，通过对受益对象的实地调研，结合绩效目标和调查问卷，对访谈中存在的问题和取得的成绩进行了解确认，提升评价的准确性。

### 3.3.1.5 评分标准及评价等级

绩效评价评分标准是衡量财政支出绩效目标完成程度的尺度，本次项目绩效评价的评分标准以计划标准和行业标准为主，同时依据实际情况参照其他相关标准。其中，评价等级分为四级：优，得分高于90分（含）；良，得分75(含)~90分；合格，得分60(含)~75分；不合格或绩效无法显现：60分以下。

### 3.3.1.6 资料收集方法和过程

（1）案卷研究和文献检索：收集国家及市、区政府对本项目的相关政策文件，进行文件研读。

（2）资料收集与数据填报：通过与项目单位和主管部门进行沟通，对项目基本情况、资金情况、实施情况等资料进行收集，并发放评价小组设计的基础表，对所需数据进行填报。

（3）调查访谈：评价小组设计访谈提纲，通过与项目单位、代建单位、设计单位、监理单位、居民深入访谈，了解其对项目的真实想法与建议。

（4）问卷调查：评价小组设计调查问卷，通过对受益对象发放调查问卷采集满意度数据。

### 3.3.2　绩效分析与结论

#### 3.3.2.1　案例分析

以 2017 年度上海市宝山区居民住宅二次供水设施改造工程的绩效评价为例，该案例总体得分为 85.92 分，评价等级为"良"。说明项目政策目标明确，组织架构清晰，但需健全考核管理制度，加强预算绩效管理，加大工程安全和施工质量，提高居民满意度。具体绩效分析及相应得分情况如下。

A　项目决策

项目决策总分值 10 分，综合评分 8.5 分。具体得分情况如下。

a　项目立项

（1）A11 战略目标适应性，考察项目是否符合《关于继续推进本市中心城区居民住宅二次供水设施改造和理顺管理体制工作的实施意见》及相关政策中有关居民住宅二次供水设施改造的要求。由于部分居民住宅的二次供水设施采用的建筑材质标准较低或年久老化等原因，导致自来水的浑浊度、色度和铁等指标时有超标，一定程度上造成了自来水的二次污染现象。二次供水设施改造的主要目标是：全面提高供水水质，切实改善民生，为实现经济社会可持续发展提供保障。通过二次供水设施改造，逐步实现供水企业管水到表。通过改造和加强管理，使居民住宅水质与出厂水质基本保持同一水平。在《上海市供水"十二五"规划》中提到，要继续推进二次供水设施改造，为上海社会经济健康稳定发展提供支撑；要优化资源配置、提高管理绩效、及时公开信息。在关于继续推进本市中心城区居民住宅二次供水设施改造和理顺管理体制工作的实施意见中提到，以党的十八大和十八届二中、三中全会精神为指导，以人民群众满意为宗旨，通过二次供水设施改造和理顺管理体制，全面提高供水水质，为切实改善民生、实现经济社会可持续发展提供保障。经复核，该项目内容和目的在以上文件中均有明确表述。依据评分标准，指标"A11 战略目标适应性"得满分 2 分。

（2）A12 立项依据充分性，考察项目立项是否有充分依据，是否符合国家、本市的相关规定。该项目符合关于加强上海市住宅小区综合治理工作的意见、上海市加强住宅小区综合治理三年行动计划（2015—2017）、上海市宝山区人民政府办公室转发区水务局等四部门关于继续推进我区居民住宅二次供水设施改造和理顺管理体制工作实施意见的通知、宝山区加强住宅小区综合治理工作实施意见暨三年行动计划（2015—2017）、宝山区关于进一步加强住宅小区综合治理的实施意见以及《宝山区 2017 年住宅小区综合治理工作责任书》等相关政策文件要求，且与宝山区水务局的职责密切相关。因此项目立项有充分的依据，符合国家、本市的相关规定。根据评分标准，"A12 立项依据充分性"指标得满分 2 分。

（3）A13 立项程序的规范性，考察项目的申请、设立过程是否符合相关要求。根据相关政策要求，宝山区住宅小区综合管理联席会议与宝山区水务局签订了《宝山区 2017 年住宅小区综合治理工作责任书》。该项目按照规定的程序申请设立，所提交的文件、材料符合相关要求，事前经过必要的集体决策，并出具《宝山区 2017 年住宅小区综合治理工作责任书》。宝山区水务局向区财政局申请年度预算，区财政审批通过后项目才确认立项，因此项目的申请、设立过程符合相关的流程规范与要求；项目提交的立项申请和项目绩效目标申报表都符合相关的要求，且收到了预算批复。项目经过了宝山区水务局领导决策审批后才进行预算申报和立项申请。根据评分标准，"A13 立项程序的规范性"指标得满分 2 分。

b 项目目标

（1）A21 绩效目标合理性，考察绩效目标是否有充分依据，符合客观实际，项目预算是否合理。该项目提交了 2017 年绩效目标申报表，绩效目标是实现以供水企业为供水主体，负责供水到户，管水到表为目标；解决好自来水最后一站的管理、维护、保养、修缮等问题，让市民享受到优质安全的自来水，因此项目目标是促进事业发展所必须；项目预期产出效益和效果符合正常的业绩水平及可实现性；绩效目标与相应预算有关联性。依据评分标准，指标"A21 绩效目标合理性"得满分 2 分。

（2）A22 绩效指标明确性，考察绩效目标是否细化分解为具体的绩效指标，且绩效指标是否清晰、细化、可衡量，用以反映和考核项目绩效目标与项目实施内容是否相符。绩效目标有细化分解为具体的绩效指标包括工程验收合格率工程完成及时性、市民满意度、施工安全事故发生率、长效管理制度建设、项目立项的规范性。该项目通过了比较清晰、可衡量的指标值予以体现部分绩效目标和购买需求，但未全面体现；该项目设置的绩效指标未能完全体现年度任务或计划数；项目设置了专款专用率，但未能在内容方面体现与预算资金的匹配性。因此，根据评分标准，"A22 绩效指标明确性"满分 2 分，得 0.5 分。

B 项目管理

项目管理总分值 25 分，综合评分 19.5 分。具体得分情况如下。

a 投入管理

（1）B11 预算执行率，考察项目预算资金执行情况。该项目预算资金为 40960 万元。截至 2019 年 10 月 31 日，项目实际拨付资金 28707.5 万元，预算执行率为 70.09%。得分 $= 4 - 4 \times (95 - 70.09) \times 0.02 = 2$ 分。依据评分标准，指标"B11 预算执行率"满分 4 分，扣 2 分，得 2 分。

（2）B12 预算编制合理性，考察预算编制是否有据可依，预算编制过程是否科学合理。该项目提交了宝发改〔2017〕25号等24个批复文件，每个批复文件都有明确的单价和面积数。经复核，预算编制标准依据充分、完整、合理，且未发生预算调整。依据评分标准，指标"B12预算编制合理性"得满分3分。

b 财务管理

（1）B21资金使用情况。考察资金的拨付是否有完整的审批程序和手续，资金的使用是否符合规定的用途。经核查该项目已经按计划完成，然而项目目前仅支付预算资金的70.09%，主要原因是审计工作还未结束。显然资金拨付不及时。依据评分标准，指标"B21资金使用情况"满分3分，扣1.5分，得1.5分。

（2）B22财务管理制度健全性，考察项目是否建立了财务管理方面的规章制度。宝山区水务局提交的相关财务管理规章制度包括上海市居民住宅二次供水设施改造工程管理办法（试行）中第五章《资金管理》、《关于继续推进本市中心城区居民住宅二次供水设施改造和理顺管理体制工作的实施意见中第三部分、实施中心城区二次供水设施更新、上海市宝山区人民政府办公室转发区水务局等四部门关于继续推进我区居民住宅二次供水设施改造和理顺管理体制工作实施意见的通知》的资金管理部分、宝山区关于进一步加强住宅小区综合治理的实施意见等制度内容涵盖审价制度及内控制度，对宝山区二次供水设施改造资金管理做出明确规定，包括改造标准、资金估算和筹措、资金管理，以及办法制定、资金筹集、资金支付、尾款结付等内容。依据评分标准，指标"B22财务管理制度健全性"得满分2分。

（3）B23财务监控有效性，考察项目实施单位是否为保障资金的安全、规范运行、控制成本等采取了必要的监控、管理措施，用以反映和考核项目实施单位对资金运行的控制情况。根据区水务局提供的财务管理制度，对预算审批和报销都有着详细的要求，对经费申请和经费拨付使用也有着详细的流程监控，因此该项目具有相应的监控机制；该项目在进行经费支出时，需要结合经费支出报销内容，并提交附件要求，做到了手续完备、内容真实、账目清楚。因此项目采取了相应的财务检查等必要的监控措施或手段；项目在公开招标前已经进行了成本核算，并对资金使用进行了有效的成本控制。根据评分标准，"B23财务监控有效性"指标得满分3分。

c 项目实施

（1）B31项目管理制度健全性，考察是否建立了保证项目顺利实施的相关制度和措施。宝山区水务局提交了上海市宝山区人民政府办公室转发区水务局等四部门关于继续推进我区居民住宅二次供水设施改造和理顺管理体制工作实施意见的通知、宝山区加强住宅小区综合治理工作实施意见暨三年行动计划（2015—

2017)、宝山区关于进一步加强住宅小区综合治理的实施意见以及宝山区2017年住宅小区综合治理工作责任书。该项目在责任分工、实施流程、管理监督等有明确的规定；同时城投水务（集团）提交了二次供水设施改造、设施监管、设施审图、设施验收方案。但评价小组未收到明确的考核管理办法。根据评分标准，"B31项目管理制度健全性"指标满分4分，得3分。

（2）B32项目管理制度执行的有效性，考察是否按项目管理制度和措施进行项目实施。据核查，宝山区水务局缺少对城投水务（集团）的考核管理，而由代理公司全权委托其开展项目，对项目缺少实地抽查，也未有明确的考核监督记录。根据评分标准，"B32项目管理制度执行的有效性"指标满分2分，得1.5分。

（3）B33政府采购执行情况，考察是否按照公平性原则提供采购需求资料，是否经过规范的政府采购流程和采购方式进行购买服务，是否按照要求规定要求签订（包括续签）合同。二次供水设施改造项目由宝山区水务局会同区财政局按政府采购相关程序及要求选择上海城投水务（集团）有限公司作为代建单位组织实施；宝山区水务局委托城投水务（集团）作为项目代建单位，负责项目的具体开展；后期通过公开招标方式，分别确定了设计单位、施工单位（设计施工一体化），并确定了监理单位，分别为上海工程勘查设计有限公司、上海水务建设工程有限公司、上海自来水管线工程有限公司（现更名为上海城建水务工程有限公司）、上海建浩工程顾问有限公司，并签订了合同，政府采购执行情况良好。根据评分标准，"B33政府采购执行情况"指标满分2分。

（4）B34服务合同的管理和执行，考察项目是否按要求订立相关服务合同，合同约定要素和内容是否完整。通过核查招标文件及合同，合同明确双方的权利义务，明确和细化购买的需求和资金使用要求，该项目按要求订立相关服务合同，合同约定要素和内容完整。但项目总体进度延期，对服务项目的督促及跟踪力度不够。详见表1-5"2017年度宝山区二次供水设施改造工程实施进度汇总表"。根据评分标准，"B34服务合同的管理和执行"指标满分2分，扣0.5分，得1.5分。

C 项目绩效

项目绩效总分值65分，综合评分57.92分。具体得分情况如下。

a 项目产出

（1）C11项目工程年度任务完成率，考察项目工程年度任务的完成情况。根据《宝山区2017年住宅小区综合治理工作责任书》要求，2017年需要完成814万平方米的二次供水改造工作。2017年工程实际完成改造818.23万平方米，并移交了 814 万平方米二次供水设施工程。详见《宝山区住宅小区二次供水设施移交协议书》。该项目工程年度任务完成率 = 818.23/814×100% = 100.52%。依据评分标准，指标"C11 项目工程年度任务完成率"得满分 4 分。

（2）C12 项目批复计划改造偏差率。考察项目批复计划改造偏差率。2017 年计划完成 814 万平方米的二次供水改造。然而在前期征询过程中，仅有 791.19 万平方米通过改造征询。为确保完成宝山区 2020 年二次供水设施改造目标，补充了锦秋花园等小区进行纯二次供水设施改造，增加 82.29 万平方米的改造工程，并获得预算批复，合计为 873.48 万平方米。截至 2017 年的工程完成改造了 818.23 万平方米。因此，该项目批复计划改造偏差率 =（873.48-818.23）/873.48× 100% = 6.33%。得分 = 4-4×6.33×5% = 2.73 分。依据评分标准，指标"C12 项目批复计划改造偏差率"满分 4 分，扣 1.27 分，得 2.73 分。

（3）C13 项目工程面积验收达标率。考察通过验收的工程情况。2017 年需要完成 814 万平方米的二次供水改造工作。实际 2017 年的工程完成改造了 818.23 万平方米，并验收移交了 814 万平方米二次供水设施工程。该项目工程面积验收达标率 = 818.23/814×100% = 100.52%。依据评分标准，指标"C13 项目工程面积验收达标率"得满分 4 分。

（4）C14 项目工程完成及时率。考察项目工程年度计划的完成及时情况。根据表 1-5"2017 年度宝山区二次供水设施改造工程实施进度汇总表"，该项目 24 个标段均在 2017 年立项，分别开展报建、招投标、开工、完工、验收，所有标段项目均在 2018 年完成。根据抽查发现，宝林六村等 10 个标段均比计划合同的完工时间拖延了 1~3 个月不等，项目工程总体延期 2 个月左右。因此，项目工程完成及时率 =（818.23-342.03）/814 = 58.5%。得分 = 4-4×（100-58.5）×5% = 0 分。依据评分标准，指标"C14 项目工程完成及时率"满分 4 分，扣 4 分，得 0 分。

（5）C15 项目工程验收移交接管及时率。考察及时验收通过后移交接管的工程面积情况。根据提交的《宝山区住宅小区二次供水设施移交协议书》，该项目工程验收移交接管及时率 = 814/814×100% = 100%。依据评分标准，指标"C15 项目工程验收移交接管及时率"满分 4 分。

b  项目效益

（1）C21 供水水质达标率。考察二次供水设施改造后水质达标情况，包括供水水质（余氯、浑浊度、铁含量）等指标。评价小组随机对 159 个小区水质检测报告进行抽查，水质检测报告由上海奥来环境检测有限公司出具。检测项目包括气味、肉眼可见物、色度、总氯、浑浊度、pH 值、细菌总数及总大肠菌群，检测位置包括水箱、泵房水池。检测结果显示，所检测小区的水质报告结果均符合

GB 5749—2006《生活饮用水卫生标准》，供水水质达标率=159/159×100%=100%。依据评分标准，指标"C21 供水水质达标情况"得满分 4 分。

（2）C22 入户管网二次供水水压达标率，考察入户供水管网接出点最低压力不应小于 0.16MPa。根据《上海市工程建设规范住宅二次供水设计规程》（DG/TJ 08-2065—2009）规定，城镇供水管网接出点最低压力不小于 0.16MPa。通过对 159 个小区的泵房试压试验记录进行抽查，均达到了略大于 1.0MPa 维持 3 分钟、0.7MPa 维持 15 分钟不跌泵。实际完成入户阀门井（座）入户管网二次供水水压达标率=159/159×100%=100%。依据评分标准，指标"C22 入户管网二次供水水压达标率"得满分 4 分。

（3）C23 水表外移率。考察按自愿原则水表外移情况，对供水企业抄表便捷性的改善程度。据统计，批复安排需完成水表移位 104503 个。实际通过数据统计，完成了 104775 个。按照居民自愿原则，水表外移率=104775/104775×100%=100%。依据评分标准，指标"C23 水表外移率"得满分 8 分。

（4）C24 安全施工事故发生情况。考察在施工过程中是否发生安全施工事故。据城投水务（集团）统计数据反映，2018 年未发生安全施工事故发生情况；根据满意度调查，5 位居民在满意度调查中反映存在安全施工事故。得分=4+0=4。因此，依据评分标准，指标"C24 安全施工事故发生情况"满分 5 分，得 4 分。

（5）C25 二次返修率。考察在施工完成后一年内是否发生二次返修情况。据上海市城投水务（集团）统计数据反映，2018 年未发生二次返修；据满意度调查，有 15 位居民反映，2018 年发生水管爆管发生返修。居民反映的二次返修率为 3.75%。得分=1.5+1.5-1.5×3.75×5%=2.72 分。指标"C25 二次返修率"满分 3 分，得 2.72 分。

（6）C26 居民投诉情况。考察在施工完成后是否发生投诉情况。据调查，对 400 位居民进行满意度问卷调查，有 2 位居民有发生过投诉。投诉率为=2/400=0.5%。得分=4-4×0.5×5%=3.9 分。因此，依据评分标准，指标"C26 居民投诉情况"满分 4 分，扣 0.1 分，得 3.9 分。

（7）C27 二次供水改造覆盖率（2000 年前商品房和非商品房）。考察 2000年前商品房和非商品房二次供水改造是否全覆盖。2000 年以前的商品房和非商品房有 2058 万平方米。世博会期间完成 691 万平方米，2014~2015 年期间完成 300 万平方米，2016 年完成 253 万平方米，2017 年完成 814 万平方米，合计共 2058 万平方米。因此二次供水改造覆盖率=2058/2058×100%。依据评分标准，指标"C27 二次供水改造覆盖率（2000 年前商品房和非商品房）"得满分 5 分。

(8) C28 居民满意度。考察居民对二次供水设施改造工程的满意程度。该指标根据居民问卷调查结果计算得分。居民对工程改造前向居民征询意见的满意度为 89.9%，改造过程中施工单位文明施工的满意度为 89.15%，对工程实施后水质改善情况的满意度为 88.65%，工程实施后水压提升情况的满意度为 87.9%，对居民住宅二次供水设施改造工程的满意度为 89.05%，因此满意度平均值为 88.93%。得分 = 8-8×(90-88.93)×5% = 7.57 分。依据评分标准，指标"C28 居民满意度"满分 8 分，扣 0.43 分，得 7.57 分。

(9) C29 长效管理情况。考察项目长效管理制度的建立情况。为加强宝山区居民住宅二次供水设施管养工作，确保供水水质得到持续保障，根据关于继续推进本市中心城区居民住宅二次供水设施改造和理顺管理体制工作的实施意见、关于完善居民住宅二次供水管养机制的请示、关于进一步完善本市居民住宅二次供水设施管养机制的实施意见、宝山区加强住宅小区综合治理工作实施意见暨三年行动计划（2015—2017）、宝山区关于进一步加强住宅小区综合治理的实施意见等文件，对二次供水设施改造工程竣工验收后的后续管理工作进行了明确规定，包括总体目标、管养分工、接管计划、经费渠道和保障措施等，内容涵盖供水企业接管工作、管养经费落实等内容；同时根据上海市生活饮用水卫生监督管理办法、上海市二次供水设施改造和理顺管理体制联席会议办公室关于加强本市居民住宅二次供水设施运行维护监督管理工作的通知、上海市二次供水设施改造和理顺管理体制联席会议办公室关于加快推进本市居民住宅二次供水设施管理移交和接管工作的通知对二次供水设施管理信息化平台和应急预案等方面有相关的规定。根据上述规定，本项目建立了健全的长效管理机制，包括政策法规建设和完善，日常管理和协调接管机制构建，经费落实办法，信息监管系统及应急预案等，依据评分标准，指标"C29 长效管理情况"得满分 4 分。

3.3.2.2  评价结论

对上一节的主要绩效总结如下。

A  主要绩效

(1) 项目决策类指标权重分为 10 分，得分为 8.5 分。从项目决策来看，该项目符合《关于继续推进本市中心城区居民住宅二次供水设施改造和理顺管理体制工作的实施意见》等相关政策文件的要求，政策目标明确，但需准确编制年度改造计划，进一步细化绩效指标。

(2) 项目管理类指标权重分为 25 分，得分为 19.5 分。从项目管理来看，组织架构清晰、职责分工明确，但需完善监督检查制度，健全考核办法；同时建议加快开展审计工作，以加快资金拨付进度，提升预算执行率。

（3）项目绩效类指标权重分为 65 分，得分为 57.92 分。从项目绩效来看，《宝山区 2017 年住宅小区综合治理工作责任书》计划的 814 万平方米工程目标任务完成，改造效果显著，长效管理机制健全，但与批复上的 873.48 万平方米尚存在 55.25 万平方米的差距。供水水质达标率、入户管网二次供水水压达标率均达标，自愿原则下的水表外移率也达到 100%，但后期应注意加强工程质量和施工安全管理，并进一步提升居民满意度。

B　具体评分结果

对宝山区二次供水设施改造的绩效评分情况进行归纳，结果见表 3-2。

**表 3-2　宝山区二次供水设施改造的绩效评分**

| 一级指标 | 二级指标 | 三级指标 | 权重/% | 得分 |
|---|---|---|---|---|
| A 项目决策 | | | 10 | 8.5 |
| | | | 6 | 6 |
| | A1 项目立项 | A11 战略目标适应性 | 2 | 2 |
| | | A12 立项依据充分性 | 2 | 2 |
| | | A13 项目立项规范性 | 2 | 2 |
| | | | 4 | 2.5 |
| | A2 项目目标 | A21 绩效目标合理性 | 2 | 2 |
| | | A22 绩效指标明确性 | 2 | 0.5 |
| B 项目管理 | | | 25 | 19.5 |
| | | | 7 | 5 |
| | B1 投入管理 | B11 预算执行率 | 4 | 2 |
| | | B12 预算编制合理性 | 3 | 3 |
| | | | 8 | 6.5 |
| | B2 财务管理 | B21 资金使用情况 | 3 | 1.5 |
| | | B22 财务管理制度健全性 | 2 | 2 |
| | | B23 财务监控有效性 | 3 | 3 |
| | | | 10 | 8 |
| | B3 项目实施 | B31 项目管理制度健全性 | 4 | 3 |
| | | B32 项目管理制度执行的有效性 | 2 | 1.5 |
| | | B33 政府采购执行情况 | 2 | 2 |
| | | B34 服务合同的管理和执行 | 2 | 1.5 |
| C 项目绩效 | | | 65 | 57.92 |

续表 3-2

| 一级指标 | 二级指标 | 三级指标 | 权重/% | 得分 |
|---|---|---|---|---|
| | | | 20 | 14.73 |
| | C1 项目产出 | C11 项目工程年度任务完成率 | 4 | 4 |
| | | C12 项目批复计划改造偏差率 | 4 | 2.73 |
| | | C13 项目工程面积验收达标率 | 4 | 4 |
| | | C14 项目工程完成及时率 | 4 | 0 |
| | | C15 项目工程验收移交接管及时率 | 4 | 4 |
| | | | 45 | 43.19 |
| | C2 项目效益 | C21 供水水质达标率 | 4 | 4 |
| | | C22 入户管网二次供水水压达标率 | 4 | 4 |
| | | C23 水表外移率 | 8 | 8 |
| | | C24 安全施工事故发生情况 | 5 | 4 |
| | | C25 二次返修率 | 3 | 2.72 |
| | | C26 居民供水热线有责投诉情况 | 4 | 3.9 |
| | | C27 二次供水改造覆盖率（2000 年前商品房和非商品房） | 5 | 5 |
| | | C28 居民满意度 | 8 | 7.57 |
| | | C29 长效管理情况 | 4 | 4 |
| 总分 | | | 100 | 85.92 |

### 3.3.2.3 建议和改进措施

通过评价 2017 年度上海市宝山区居民住宅二次供水设施改造工程的绩效，评审专家给出了四项重要的建议和改进措施：

（1）加快工程资料整理及审计工作，加快资金拨付，进一步提升预算执行率。

该项目范围广、工程量大，涉及许多街镇和千家万户，因此，项目的前期征询、测量等工作显得尤为重要。由于前期工作不够充分，部分居民在开展二次供水设施改造时提出相关需求，需要调整原定的改造方案，因此，需要对工程资料进行不断补充和整理影响了审计工作的推进，也影响了预算资金的拨付。建议后期加快资料的整理，并加快开展审计工作，以提升资金拨付进度，提高预算执行率。

（2）健全考核办法，加强对工程进度的监管和考核整改措施。

建议宝山区水务局建立工作例会制度，定期召开工作例会，并与市二次供水办加强对接，做好二次供水设施改造数据统计工作，确保每月按时准确上报进度情况，形成正式的统计月报；建议宝山区水务局进一步明确考核办法，并形成制度，对每月考核情况予以通报，以保障工程进度按计划顺利开展。

（3）准确排摸工程，加强居民征询工作，准确编制计划。

该项目涉及的单位多、覆盖面广，需要各相关单位及街镇居民的大力支持与配合，项目前期的工作计划准确性尤为重要。建议宝山区准确编制年度计划，确保年度预算编制的准确性，实现预算精细化管理的要求；建议后期加强征询工作，提前给居民做好宣传和思想疏导，并出具周全的安排计划，以保障工作的有序开展。前期工程安排准确，有利于后期工程的正常开展，避免施工人员已进入，但居民不同意施工的情况发生。同时若发生工程实际施工面积与计划面积明显不符的现象，宝山区房管局要积极配合，实地勘测，并尽快出具相关证明文件，以切实推进工程的进度。

（4）加强施工人员的安全和服务意识，严把质量关，提升居民满意度。

该项目涉及的工程比较繁杂，且存在过去二次供水设施设备结构布局不合理的现象，如水表未外移，管道在住户家中，该工程施工很容易影响到居民的生活。因此，为保障不影响居民的生活，要确保工程改造一次性通过，避免二次返修情况的发生，同时也要提高服务意识，确保在施工过程中不破坏居民家中装饰装修。因此，建议城投集团公司要加强施工人员的安全和服务意识，并严把质量关，做到一次做一次过，避免发生后续质量问题，引起居民的反感与投诉。此项工程作为政府的民生工程，应坚持秉承"把好事做好"的原则，后期不仅要提升居民满意度，也进一步提升政府为民爱民的美誉度。

## 术 语

### 3.1 水力停留时间
水溶液在固定容器内的平均停留时间。

### 3.2 智慧化水务管理
通过数字化采样仪、互联网、水质和水压表等在线监测设备实时感知供水系统的运行状态，并采用可视化平台耦合水务管理部门与供水设施的管理方式。

## 参 考 文 献

[1] 上海市水务局. 上海市居民住宅二次供水设施改造工程技术标准（修订）[S]. 上海：上海市住房保障和房屋管理局，2014.

[2] 上海市水务局. 上海市居民住宅二次供水设施改造工程管理办法（试行）[Z]. 上海：上海市住房保障和房屋管理局，2014.

[3] 姚黎光. 上海供水管网问题现状与对策 [J]. 建筑科技，2008（5）：78-79.

# 4 改造后二次供水设施综合评估

## 4.1 改造后水质现状

上海市住宅小区通过采用适宜的二次供水模式、筛选供水管材、优化水箱（水池）设计、构建科学的二次供水设施管理模式等，提高了二次供水设施建设、运维管理水平，使二次供水水质发生了明显改善。本节通过分析改造后二次供水水质现状，归纳重点水质指标的变化规律，并对改造效果进行评估，为二次供水设施改造水平的提升提供理论支撑。

### 4.1.1 二次供水采样点分布及与检测项目

#### 4.1.1.1 采样点分布

为了全面反映上海市各行政区的二次供水水质情况，调查了各区采样点的水质。采样点的水样检测工作按照《生活饮用水标准检验方法》（GB/T 5750—2006）执行。采样点共计 168 个，分别为黄浦区 17 个、青浦区 8 个、普陀区 17 个、宝山区 19 个、杨浦区 16 个、浦东新区 22 个、虹口区 15 个、嘉定区 13 个、徐汇区 14 个、闵行区 27 个，其区域分布如图 4-1 所示。

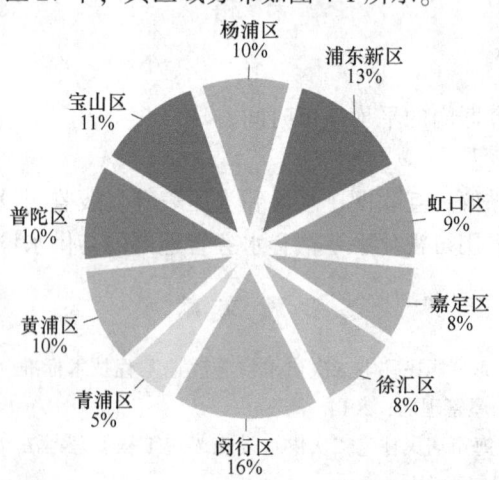

图 4-1　上海市二次供水采样点分布区域占比

4.1.1.2 采样点常规水质指标

为进一步了解供水水质的沿程变化，分别在上海市中心城区水厂、中心城区管网和二次供水设施设置了采样点，监测 7 项常规水质指标，分别为色度、浑浊度、嗅味、菌落总数、总大肠菌群、余氯和耗氧量。此外，针对黄浦区、青浦区、普陀区、宝山区、杨浦区、浦东新区、虹口区、嘉定区、徐汇区和闵行区的二次供水设施也分别设定了采样点，评估了各行政区二次供水水质的合格率，并检验了水中 34 项水质指标。上述各行政区的二次供水设施水质检验结果见第 4.1.2 节。

## 4.1.2 不同采样点常规水质指标检测结果

4.1.2.1 采样点 7 项常规水质指标的检测结果

表 4-1 为上海市中心城区水厂、中心城区管网和二次供水设施各采样点 7 项常规水质指标的检测结果。

**表 4-1 各采样点 7 项常规水质指标比较**

| 采样点位置 | 色度/度 | 浑浊度/NTU | 嗅与味 | 菌落总数/CFU·mL$^{-1}$ | 总大肠菌群/CFU·100mL$^{-1}$ | 余氯/mg·L$^{-1}$ | 耗氧量/mg·L$^{-1}$ |
|---|---|---|---|---|---|---|---|
| 中心城区水厂 | 4 | 0.09 | 无 | 1 | 无 | 1.08 | 1.3 |
| 中心城区管网 | 5 | 0.12 | 无 | 2 | 无 | 0.72 | 1.4 |
| 二次供水设施 | 5 | 0.34 | 无 | 1 | 无 | 0.19 | 1.1 |

注：各采样点常规水质指标取值均以平均值表示。

分析表 4-1 可知，饮用水从上海市中心城区给水厂流出，经过中心城区管网进入二次供水设施后，7 项常规水质指标均达到《生活饮用水卫生标准》（GB 5749—2006）对水质的要求标准。色度、嗅和味、菌落总数、总大肠菌和耗氧量指标基本没有变化；此外，在管道输送饮用水过程中，浑浊度略有升高（二次供水设施中浑浊度为 0.34NTU）。这可能是因为饮用水中余氯发生水解反应生成新氧化物而引起浑浊度升高，表 4-1 中余氯浓度从 1.08mg/L 逐渐减少至 0.19mg/L 也间接证明了此假设。

4.1.2.2 各行政区采样点水质合格率

表 4-2 为统计的 2019 年第二季度上海市各行政区水质合格率。由表 4-2 可知，通过监测分布在上海市各行政区共 252 个采样点水质，显示各区的水质指标合格均达到 100%，二次供水设施经过改造后水质得到明显改善。

表4-2　2019年第二季度上海市各行政区水质合格率

| 区域 | 采样点数 | 检测指标次数 | 检测指标合格率/% |
|------|---------|-------------|-----------------|
| 黄浦区 | 17 | 578 | 100 |
| 徐汇区 | 14 | 476 | 100 |
| 普陀区 | 17 | 578 | 100 |
| 虹口区 | 15 | 510 | 100 |
| 杨浦区 | 16 | 544 | 100 |
| 青浦区 | 8 | 256 | 100 |
| 宝山区 | 19 | 608 | 100 |
| 浦东新区 | 22 | 704 | 100 |
| 嘉定区 | 13 | 442 | 100 |
| 闵行区 | 27 | 918 | 100 |

### 4.1.2.3 各行政区采样点34项水质指标的检测结果

表4-3为上海市黄浦区、青浦区、普陀区、宝山区、杨浦区、浦东新区、虹口区、嘉定区、徐汇区和闵行区的二次供水设施各采样点34项水质指标（详见表4-3第一列）的检测结果。由表4-3可知，各行政区内二次供水设施改造后的34项水质指标均满足《生活饮用水卫生标准》（GB 5749—2006）的要求。其中，未检测出水中微生物指标和菌落总数等。杨浦区的二次供水水质相对较差，水中铝、铁、铜和锌等离子浓度最高达到 1.0mg/L，并引起溶解性总固体、总硬度和耗氧量显著增加。这意味着该区域内二次供水水质仍有改善的空间。此外，由表4-3数据还可知，虹口区的各水质指标相对良好，这表明该行政区的饮用水品质较高，二次供水改造工作成绩显著。

综上所述，改造后二次供水设施的水质明显提升。由图4-2可以看出改造后供水管道和水箱壁表面未见藻类等微生物附着生长，水体澄清，"黄水"等污染问题基本消失。

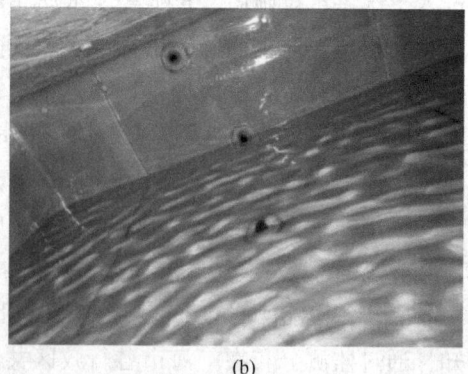

(a)　　　　　　　　　　　　　　　(b)

图4-2　改造后二次供水管道内水质现状（a）及水箱内水质现状（b）

表 4-3　各城区采样点 34 项水质指标比较

| 指　标 | 黄浦区 | 青浦区 | 普陀区 | 宝山区 | 杨浦区 | 浦东新区 | 虹口区 | 嘉定区 | 徐汇区 | 闵行区 |
|---|---|---|---|---|---|---|---|---|---|---|
| 总大肠菌群/CFU·100mL⁻¹ | 未检出 | 未检出 | 未检出 | 未检出 | 未检出 | <2 | 未检出 | 未检出 | 未检出 | 未检出 |
| 耐热大肠菌群/CFU·100mL⁻¹ | 未检出 | 未检出 | 未检出 | 未检出 | 未检出 | <2 | 未检出 | 未检出 | 未检出 | 未检出 |
| 大肠埃希氏菌/CFU·100mL⁻¹ | 未检出 | 未检出 | 未检出 | 未检出 | 未检出 | <2 | 未检出 | 未检出 | 未检出 | 未检出 |
| 菌落总数/CFU·mL⁻¹ | 未检出 | 0.00116 | 未检出 | 未检出 | 未检出 | 未检出 | 未检出 | 未检出 | 未检出 | 未检出 |
| 砷/mg·L⁻¹ | <0.001 | <0.0005 | 0.00087 | <0.001 | <0.001 | <0.001 | <0.001 | <0.001 | <0.001 | <0.001 |
| 镉/mg·L⁻¹ | <0.0005 | <0.004 | <0.0006 | <0.00006 | <0.0005 | <0.001 | <0.000083 | <0.0005 | <0.00013 | <0.0005 |
| 铬/mg·L⁻¹ | <0.004 | <0.005 | <0.004 | <0.004 | <0.004 | <0.004 | <0.004 | <0.004 | <0.004 | <0.004 |
| 铅/mg·L⁻¹ | <0.0025 | <0.0002 | 0.00012 | <0.001 | <0.0025 | <0.001 | <0.0023 | <0.0025 | <0.0005 | <0.0025 |
| 汞/mg·L⁻¹ | 0.0001 | <0.001 | <0.0001 | <0.0001 | <0.0001 | <0.0001 | <0.00009 | <0.0001 | <0.0001 | <0.0001 |
| 硒/mg·L⁻¹ | <0.0004 | <0.002 | 0.00042 | <0.001 | <0.0004 | <0.0004 | <0.0005 | <0.0004 | <0.0004 | <0.0004 |
| 氰化物/mg·L⁻¹ | <0.002 | 0.00116 | <0.002 | <0.002 | <0.002 | <0.002 | <0.002 | <0.002 | <0.002 | <0.002 |
| 氟化物/mg·L⁻¹ | 0.15 | 0.45 | 0.19 | 0.24 | 0.1225 | 0.20 | 0.156 | 0.25 | 0.17 | <0.05 |
| 硝酸盐/mg·L⁻¹ | 1.44 | 0.53 | 1.45 | 2.0 | 1.25 | 1.22 | 1.32 | 1.69 | 1.3 | 1.3 |
| 三氯甲烷/mg·L⁻¹ | 0.54 | 0.010 | 0.0073 | 0.028 | 0.008 | 0.0096 | 0.0030 | <0.005 | 0.0102 | 0.003 |
| 四氯化碳/mg·L⁻¹ | <0.0001 | <0.00015 | <0.00002 | <0.0003 | <0.0001 | <0.0005 | <0.0001 | <0.0002 | <0.00001 | <0.0001 |
| 色度 | <5 | 5 | 5 | 5 | 7 | <5 | <5 | 5 | 10 | 5 |
| 浑浊度/NTU | 0.15 | 0.13 | 0.13 | 0.088 | 0.1265 | 0.10 | 0.05 | 0.3 | 0.082 | 0.1 |

续表4-3

| 指 标 | 黄浦区 | 青浦区 | 普陀区 | 宝山区 | 杨浦区 | 浦东新区 | 虹口区 | 嘉定区 | 徐汇区 | 闵行区 |
|---|---|---|---|---|---|---|---|---|---|---|
| 嗅和味 | 无 | 0 | 无 | 无 | 无 | 无 | 无 | 无 | 无 | 无 |
| 肉眼可见物 | 无 | 0 | 无 | 无 | 无 | 无 | 无 | 无 | 无 | 无 |
| pH 值 | 6.5~8.5 | 7.20 | 7.48 | 8.07 | 7.18 | 7.86 | 7.49 | 7.22 | 7.67 | 7.31 |
| 铝/mg·L⁻¹ | 0.2 | 0.040 | 0.048 | 0.06 | <0.008 | 0.05 | 0.051 | 0.018 | <0.01 | 0.037 |
| 铁/mg·L⁻¹ | 0.3 | <0.1 | 0.0016 | 0.086 | <0.025 | 0.01 | <0.0045 | <0.05 | <0.0045 | <0.2 |
| 锰/mg·L⁻¹ | 0.1 | <0.05 | 0.00024 | 0.008 | 0.025 | 0.02 | <0.0005 | <0.022 | <0.0005 | <0.1 |
| 铜/mg·L⁻¹ | 1.0 | <0.05 | 0.001 | 0.008 | <0.0075 | 0.01 | <0.009 | <0.021 | <0.009 | <0.2 |
| 锌/mg·L⁻¹ | 1.0 | <0.025 | 0.0036 | <0.007 | 0.0073 | 0.02 | 0.003 | 0.024 | <0.01 | <0.05 |
| 氯化物/mg·L⁻¹ | 25 | 52.5 | 28 | 31.2 | 25.4 | 29.8 | 24.8 | 25.8 | 25.4 | 48.4 |
| 硫酸盐/mg·L⁻¹ | 250 | 51.4 | 46.6 | 41.8 | 48.2 | 36.7 | 47.7 | 37.8 | 42.6 | 45.3 |
| 溶解性总固体/mg·L⁻¹ | 1000 | 244 | 224 | 221 | 196 | 384 | 219 | 220 | 259 | 243 |
| 总硬度/mg·L⁻¹ | 450 | 102 | 126 | 136 | 131.5 | 131.7 | 120 | 141.1 | 131 | 125 |
| 耗氧量/mg·L⁻¹ | 3 | 1.335 | 1.28 | 1.26 | 1.2 | 1.27 | 0.49 | 1.28 | 1.51 | 2 |
| 挥发酚类/mg·L⁻¹ | 0.002 | <0.002 | <0.002 | <0.002 | <0.002 | <0.002 | <0.002 | <0.002 | <0.002 | <0.002 |
| 阴离子合成洗涤剂/mg·L⁻¹ | 0.3 | <0.1 | <0.025 | <0.1 | <0.05 | <0.10 | <0.05 | <0.1 | <0.1 | <0.05 |
| 一氯胺（总氯）/mg·L⁻¹ | ≥0.05 | 0.1 | 0.44 | 0.54 | 0.09 | 0.056 | 0.05 | 0.46 | 0.59 | 0.07 |
| 氨氮/mg·L⁻¹ | 0.500 | 0.113 | 0.062 | 0.091 | 0.342 | 0.160 | 0.160 | 0.080 | 0.020 | 0.092 |

注：各采样点常规水质指标取值均是平均值。

## 4.2 二次供水改造后能耗案例分析

二次供水设施的主要功能是转输市政管网内饮用水并输送给住户居民，该过程会消耗大量能源，因此如何进行节能设计与运维十分必要。二次供水设施改造与二次供水模式选取联系紧密，而二次供水模式的改变又会直接影响水泵-水池（水箱）能耗。因此，对改造后二次供水设施能耗的现状调查分析，可以了解二次供水设施改造对饮用水品质的改善及供水安全性的保障作用。

通过第2.3节对传统二次供水模式能耗进行分析，了解到原有供水模式都难以达到最佳调蓄节能或安全供水效果，而采用能将各种二次供水模式优点结合的模式或许能达到该目的，即联用变频泵和水箱方式。该模式在实现市政管网压力叠压供水的同时，还可以根据用水量变化频率调节变频系统实现节能。以下就改造后二次供水设施的3个案例进行应用现状分析。

### 4.2.1 招商雍华府小区二次供水能耗分析

案例1为上海市闵行区颛桥镇沪光路555弄的招商雍华府小区，该小区为新建别墅和多层混合的居住小区，建成于2010年6月。其中，14栋3层别墅共28户，12栋8层住宅共650户。招商雍华府小区地理位置优越，其周边给水管线为新敷设的球墨铸铁管道，水量充沛、水压富足。此外，小区周边管线有都市路东侧DN300管线、沪光路北侧DN300管线，两根上水管线，流量均达到1120$m^3$/h，远大于小区配水流量62$m^3$/h，市政管道的供水压力维持在0.16MPa。因此，综合考虑后，该小区14栋3层别墅采用直接供水模式，12栋8层住宅适合采用智能箱式泵站作为二次供水模式，即不锈钢水池和变频泵联合供水模式，如图4-3所示。

图4-3 智能箱式泵站

（1）智能箱式泵站的运行工况如下：

1）水池变频供水。在白天用水高峰时，水泵不直接从室外管网吸水，而是自动从不锈钢储水池中自动抽取。

2）管网叠压供水。当白天用水低谷时，通过市政管网直接抽取水即叠压供水模式。

3）稳压泵供水。当夜晚用水时，采用辅泵和气压罐稳压供水模式来减少能耗达到节能。

（2）智能箱式泵站的工艺参数，见表4-4。

表 4-4　智能箱式泵站的工艺参数

| 序号 | 设备名称 | 型号 | 工况参数 |
|---|---|---|---|
| 1 | 不锈钢水箱 | 96m³ | 无 |
| 2 | 变频泵 | 65AAB30-45-5.5<br>（两台） | 流量 $Q=25m^3/h$，扬程 $H=46m$，功率 $N=5.5kW$ |
| 3 | 稳压泵 | 50AAB12-60-4<br>（一台） | 流量 $Q=12m^3/h$，扬程 $H=61m$，功率 $N=4kW$ |

（3）智能箱式泵站能耗分析。

1）为了便于计算，假设变频泵和稳压泵供水系统均处于满负荷运行时流量，所以智能箱式泵站的每日供水量可按式（4-1）计算：

$$Q_{日} = Q_{时变}t_{变} + Q_{时稳}t_{稳} \tag{4-1}$$

式中　$Q_{日}$——泵组日供水量，$m^3/d^{-1}$；

　　　$Q_{时变}$——变频泵时供水量，$m^3/d^{-1}$；

　　　$Q_{时稳}$——稳压泵时供水量，$m^3/d^{-1}$；

　　　$t_{主}$——主泵运行时间，h；

　　　$t_{稳}$——稳压泵运行时间，h。

据此，根据式（4-1）可得：$Q_{日} = 25 \times 18 + 12 \times 6 = 522m^3$

2）白天用水高峰时（8h）由水池变频泵供水，则水池变频泵的日用电量，可按式（4-2）进行计算：

$$V_{变} = P_{变}t_{变}S_{台} \tag{4-2}$$

式中　$V_{变}$——泵组日用电量，$kW \cdot h$；

　　　$P_{变}$——变频泵功率，kW；

　　　$t_{变}$——变频泵在白天用水高峰时的运行时间，h；

　　　$S_{台}$——变频泵的运行数量，台。

据此，根据式（4-2）可得：

$$V_{变} = 5.5 \times 8 \times 2 = 88kW \cdot h。$$

3）白天非用水高峰时（10h）由变频泵叠压变频供水，其日用电量按式（4-3）进行计算：

$$V_{叠变} = P_{叠变} t_{叠变} S_台 \theta_1 \qquad (4-3)$$

此外，由叠压供水原理可知，当市政管道的供水压力为 0.16MPa 左右时，智能箱式泵站的变频泵加压到 46m 所耗能源为常规变频泵的（46−16）/46＝65%，即 $\theta_1 = 65\%$。

据此，根据式（4-3）可得：$V_变 = 5.5kW \times 10h \times 2$ 台 $\times 0.65 = 57.2kW \cdot h$

4）夜晚用水时（6h）由稳压泵叠压供水，其日用电量按式（4-4）进行计算：

$$V_{叠稳} = P_{叠稳} t_{叠稳} S_台 \theta_2 \qquad (4-4)$$

此外，由叠压供水原理可知，当市政管道的供水压力为 0.16MPa 左右时，智能箱式泵站的变频泵加压到 61m 所耗能源为常规变频泵的（61−16）/61＝74%，即 $\theta_2 = 74\%$。

根据式（4-3）可得：$V_{叠稳} = 4 \times 6 \times 1 \times 0.74 = 17.8kW \cdot h$

再由式（4-2）~式（4-4）可计算出智能箱式泵站的日用电量，如式（4-5）所示：

$$V_总 = (V_变 + V_{叠变} + V_{叠稳}) \cdot \eta \qquad (4-5)$$

式中　$V_总$——智能箱式泵站总日用电量，kWh；

　　　$\eta$——变频供水与工频供水能耗比，%。

假定变频供水为工频供水时节能 30%（即变频供水能耗为工频的 $\eta = 0.7$，据此可得智能箱式泵站总日用电量为：$V_总 = (88 + 57.2 + 17.8) \times 0.7 = 114.1kW \cdot h$。

综上所述，改造后的二次供水模式每日的能耗为：114.1 度×0.61 元/度＝69.6 元，而原有的二次供水模式每日的能耗为：155 度×0.61 元/度＝94.55 元。因此，对招商雍华府小区的二次供水模式进行改造后，每日可以节约电费：94.55−69.6＝24.95 元。

### 4.2.2　剑川路 50 弄小区二次供水能耗分析

案例 2 为上海市闵行区吴泾地区剑川路 50 弄小区，小区建造于 1988 年，是氯碱化工厂的员工住宅小区，共有多层居民 2200 户。在二次供水设施改造前，水量小的问题在该地区比较集中，尤其是高峰用水和夏季用水时，反映无水、水小的居民较多。根据三来热线统计（2008 年 1 月~2009 年 4 月），小区 5、6 层居民均反映水量不足问题。另据现场查勘该小区泵房停用、废弃多年，全靠市政管网压力供水。小区市政管网压力虽然符合上海市最低服务压力即 0.16MPa，但是凭此压力根本无法满足该小区 5、6 层居民的用水压力。在此情况下，为确保该小区居民的正常用水，二次供水设施改造势在必行。

此外，由于该小区泵房常年未使用并失修多年，且挪作老年活动室，同时该小区属于间歇性供水压力不足，重新设置一套传统变频工艺，不但没有场地，而且变频工艺需要24小时稳压，十分浪费能源。

综上所述，采用管网叠加变频供水模式更适合该小区，在剑川路50弄小区的二次供水改造中采用了智能罐式泵站。图4-4所示为智能罐式泵站。该智能罐式泵站主要由水泵、稳压平衡器、液位控制器、负压消除器、压力表和变频数控柜组成。

图4-4　智能罐式泵站

（1）智能罐式泵站的运行工况：

1）市政管网直接供水。当市政管网水压满足用户水压的时候，通过旁通管将市政管网给用户直接供水。

2）管网叠压供水。当市政管网不能满足用户水压，同时市政管网水压满足被抽水条件时，叠压设备启动并直接从市政街坊管网在恒压变频的供水模式下直接加压供水；在这个过程中系统同时给稳压罐补水。

3）稳压平衡器供水。当市政管网不能满足系统被直接抽水，但稳压罐可以工作时由稳压罐补水或恒压供水。

（2）智能罐式泵站的工况参数见表4-5。

表4-5　智能罐式泵站的工况参数

| 序号 | 设备名称 | 型　号 | 工 况 参 数 |
|---|---|---|---|
| 1 | 变频泵 | AABW100-160B（两台） | 流量$Q=72m^3/h$，扬程$H=24m$，功率$N=11kW$ |
| 2 | 稳压罐 | 一台 | 卧式无负压补偿罐1000 |

（3）智能罐式泵站能耗分析。智能罐式泵站建成后，小区物业公司将其启动压力设置为0.25MPa。白天小区水泵压力在0.28MPa左右可满足多层居民水压和水量要求的情况下，泵站内的水泵不启动，采用旁通管利用市政管网压力直

接供水；当市政压力低于 0.25MPa 时，启动变频泵，在原有市政管网压力的基础上采用变频泵叠压供水。运行后该泵站每月电费在 4000 元左右。因为小区共有 6 层住宅 61 幢，共 2200 户，因此平摊到每户居民每月电费才 1.8 元左右，具有占地小、投资少、工期短、节能且无水箱水质污染风险的优点。

### 4.2.3 松江高科技园二次供水能耗分析

案例 3 为上海市漕河泾开发区松江高科技园，该园位于松江区新桥镇，地处九新公路以东、莘砖公路以北、A8 沪杭高速以西、姚北公路以南。该园区分多期开发建设，预计总建筑面积为 100 万平方米。目前已开发的一、二期项目总建筑面积为 30 万平方米。该高科技园区周边管线水量充沛（图 4-5），莘砖公路北侧 DN500、姚北公路北侧 DN500、九新公路东侧规划 DN300、莘砖公路南侧 DN300 等众多上水管线配套着园区的建设，其流量可以达到 2000m³/h，远超过整个园区规划日最大小时流量 1146m³/h。

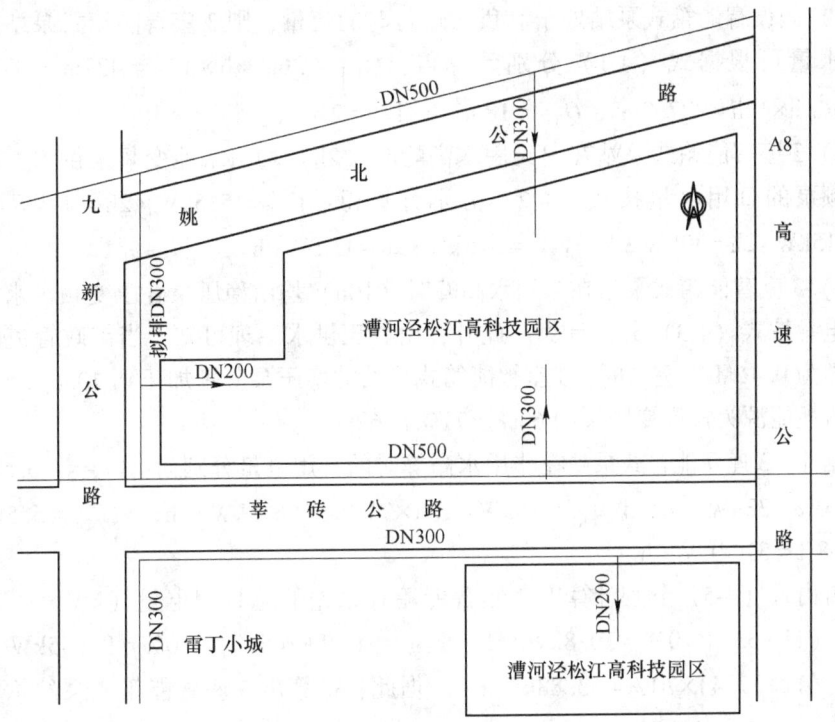

图 4-5　漕河泾开发区松江高科技园周边管线平面图

为创建绿色、环保工业园区，综合小区周边管线配水能力充沛等优越因素，小区二期项目在设计中设 3 座智能箱式泵站，具有泵房占地面积小、水泵功率低、能源消耗少的优点。

（1）智能箱式泵站的运行工况：该泵站的运行工况与第 4.2.1 节招商雍华府小区的智能箱式泵站相同，在此不再赘述。

（2）智能箱式泵站的工况参数见表 4-6。

**表 4-6　智能箱式泵站的工况参数**

| 序号 | 设备名称 | 型　号 | 工况参数 |
|---|---|---|---|
| 1 | 1 号智能箱式泵站 | 65AABP30-45<br>（一台） | 流量 $Q=36\text{m}^3/\text{h}$，扬程 $H=40\text{m}$，功率 $N=5.5\text{kW}$ |
| 2 | 2 号智能箱式泵站 | 100AABP72-60<br>（一台） | 流量 $Q=75.6\text{m}^3/\text{h}$，扬程 $H=55\text{m}$，功率 $N=15\text{kW}$ |
| 3 | 3 号智能箱式泵站 | 50AABP18-60<br>（一台） | 流量 $Q=18\text{m}^3/\text{h}$，扬程 $H=50\text{m}$，功率 $N=5.5\text{kW}$ |

（3）智能箱式泵站能耗分析：

1）假设智能箱式泵站处于满负荷运行时的流量，则 3 座智能箱式泵站的每日供水量可根据式（4-1）分别计算得：$Q_{1日}=36\text{m}^3/\text{h}\times12\text{h}=432\text{m}^3$，$Q_{2日}=75.6\text{m}^3/\text{h}\times12\text{h}=907.2\text{m}^3$，$Q_{3日}=18\text{m}^3/\text{h}\times12\text{h}=216\text{m}^3$。

2）3 座智能箱式泵站在白天用水高峰时（2h）均由水池变频泵供水，则水池变频泵的日用电量按式（4-2）分别计算得：$V_{1变}=5.5\text{kW}\times2\text{h}=11\text{kW}\cdot\text{h}$，$V_{2变}=15\text{kW}\times2\text{h}=30\text{kW}\cdot\text{h}$，$V_{3变}=5.5\text{kW}\times2\text{h}=11\text{kW}\cdot\text{h}$。

3）3 座智能箱式泵站在非用水高峰时（10h）均由稳压泵叠压变频供水，其日用电量按式（4-3）分别计算。此外，由叠压供水原理可知，当市政管道的供水压力为 0.16MPa 左右时，3 座智能箱式泵站的稳压泵分别加压到 40m、55m 和 50m 所耗能源为常规变频泵的 60%、71% 和 68%。

据此，3 座智能箱式泵站在非用水高峰时的日用电量分别为：$V_{1叠稳}=5.5\text{kW}\times10\text{h}\times60\%=33\text{kW}\cdot\text{h}$，$V_{2叠稳}=15\text{kW}\times10\text{h}\times71\%=106.5\text{kW}\cdot\text{h}$，$V_{3叠稳}=5.5\text{kW}\times10\text{h}\times68\%=37.4\text{kW}\cdot\text{h}$。

再由式（4-5）分别计算出 3 座智能箱式泵站的总日用电量（kW·h），即 $V_{1总}=（11+33）\times70\%=30.8\text{kW}\cdot\text{h}$，$V_{2总}=（30+106.5）\times70\%=95.55\text{kW}\cdot\text{h}$，$V_{3总}=（11+37.4）\times70\%=33.88\text{kW}\cdot\text{h}$。据此，推算出 3 座智能箱式泵站总日用电量为 $V_{总}=160.23\text{kW}\cdot\text{h}$。

综上所述，改造后的二次供水模式每日的能耗为：160.23kW·h×0.85 元/kW·h=136.2 元，原有的二次供水模式每日的能耗为：218.4kW·h×0.85 元/kW·h=185.64 元。因此，漕河泾开发区松江高科技园采用智能箱式泵站采用二次供水模式后，每日可以节约电费：185.64−136.2=49.44 元。

## 4.3 二次供水改造前后水质与能耗对比分析

本节分别对二次供水设施前后具体案例的供水水质和能耗进行分析，以展现上海市二次供水设施改造所取得成果。

### 4.3.1 改造前后水质对比分析

案例1为庆宁寺小区，建成于1994年，位于浦东大道2641弄（6~42号），所辖面积41100m²，总户数774户。小区内有37个水箱，水箱无内衬，有一座水泵房和两台水泵，水泵声音异常，开启扰民。此外，小区内用户水表为非嵌墙表，立管和支管为镀锌管。小区供水管有渗漏现象。居民经常反映楼水压不足，水质不好。

案例2为上钢四村，建成于1980年，位于昌里路340弄（19~59号），所辖面积43061.32m²，总户数984户，小区内有47个屋顶水箱，水箱无内衬，无水泵房和水泵，小区内用户水表为非嵌墙表，立管和支管为镀锌管。小区供水管建造以来没有改造过。小区内有4个门牌号为商品房。居民反映五、六楼水压不足，水质不好。

这两个小区内居民均迫切希望对二次供水设施改造。因此，选取这两个小区作为改造的试点工程，于2008年开工，并定期检测采样点水质。

#### 4.3.1.1 改造内容

（1）泵房及水泵修改：水泵和水泵房按上海市水务局、上海市房地局《关于在旧住房综合改造中执行二次供水设施改造标准要求的通知》精神进行改造。其中，水泵采用不锈钢立式泵，阀门采用软密封弹性闸阀，控制柜采用变频控制柜，泵房管道采用衬塑镀锌管。改造前后的水泵和水泵房，分别如图4-6（a）和图4-6（b）所示。

(a)            (b)

图4-6 改造前的水泵和水泵房（a）及改造后的水泵和水泵房（b）

（2）半地下水池内衬添加：采用经专业部门检验合格的瓷砖，如图4-7所示；水池内其他所有管配件均采用符合标准要求的材质。

图4-7 改造时水池采用的内衬瓷砖

（3）居民楼内立管外移：立管外移至公共部位，并采用PPR材料，如图4-8所示。

（a） （b）

图4-8 采用PPR的二次供水管道

（a）室内PPR供水立管；（b）室内PPR供水横支管

（4）居民的水表外移：水表外移至公共部位，水表箱及水表三件套安装如图4-9所示。

图4-9 水表箱及水表

（5）屋顶水箱内衬：采用经专业部门检验合格的瓷砖，水箱内其他所有管配件均采用符合标准要求的材质（图 4-10（a）），屋顶水箱引至居民立管处所用材质为钢塑复合管（图 4-10（b））。

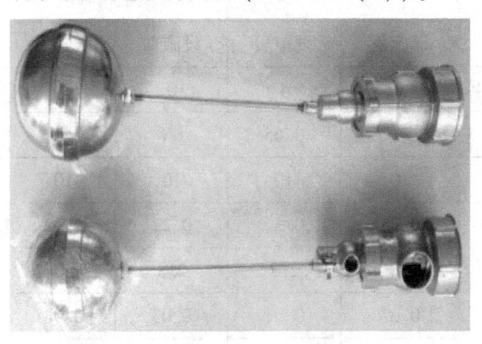
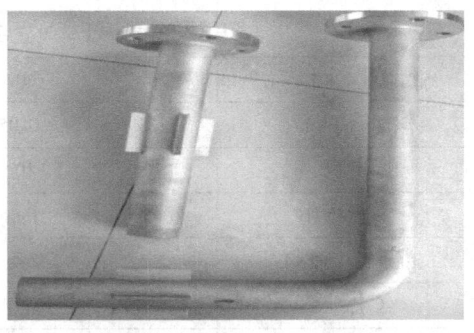

（a）　　　　　　　　　　　　　（b）

图 4-10　水箱浮球阀（a）及水箱内管配件（b）

（6）居民小区街坊内给水管网重新敷设。

居民小区内改造前后的二次供水设备及其附属管道见表 4-7。

表 4-7　二次供水设备改造前后比较

| 序号 | 名称 | 改 造 前 | 改 造 后 |
|---|---|---|---|
| 1 | 水箱 | 水泥砂浆内壁；铜铁浮球阀；进出门为铸铁闸阀；镀锌穿墙管；无人孔扶梯；无防虫溢流管滤网；玻璃钢、水泥、木质水箱盖或无水箱盖 | 食品安全级的瓷砖贴面；食品安全级的黏结剂、勾缝剂；铜球不锈钢浮球阀；进出阀门为铜球阀；不锈钢穿墙管、钢塑复合内管；增加不锈钢人孔扶梯；增加防虫溢流管滤网；不锈钢水箱盖 |
| 2 | 水表 | 水表位于居民屋内 | 水表安装在公共部位的表箱内 |
| 3 | 立管 | 镀锌管，在屋内 | 包裹防冻层 PPR 管，在楼道公共部位 |
| 4 | 水池 | 水泥砂浆内壁；铜铁浮球阀；镀锌穿墙管；铁制人孔扶梯；木质水池盖 | 食品安全级的瓷砖贴面；食品安全级的黏结剂、勾缝剂；铜球不锈钢浮球阀；不锈钢穿墙管、钢塑复合内管；增加不锈钢人孔扶梯；不锈钢水池盖 |
| 5 | 泵房 | 老式手动操作变频泵，卧式，铸铁材质；进出管为钢管或铸铁管，铸铁闸阀 | 带控制柜的变频泵，立式，全不锈钢材质；采用钢塑复合管连接，穿墙部分用不锈钢管材，铸铁橡皮阀门 |

### 4.3.1.2　改造前后水质分析

经二次供水改造后，庆宁寺小区和上钢四村绝大多数居民普遍反映供水水质得到了明显改善。从水质调查结果分析可知，供水管网水质在经过二次供水设施改造前后有 12 项水质指标有不同程度改变，见表 4-8。

表4-8 二次供水设施前后水质分析

| 指　标 | 改　造　前 | | 改　造　后 | | | |
| --- | --- | --- | --- | --- | --- | --- |
| | | | 夏　季 | | 冬　季 | |
| | 设施前 | 设施后 | 设施前 | 设施后 | 设施前 | 设施后 |
| 细菌总数/CFU·mL$^{-1}$ | 0 | 20 | 2 | 4 | 0 | 0 |
| 余氯/mg·L$^{-1}$ | 1.3 | <0.05 | 1.3 | 0.65 | 1.0 | 0.60 |
| 色度 | 10 | 10 | 10 | 10 | 10 | 10 |
| 浊度/NTU | 0.52 | 1.6 | 0.34 | 0.39 | 0.27 | 0.42 |
| 硝酸盐氮/mg·L$^{-1}$ | 2.5 | 2.4 | 2.6 | 2.7 | 2.8 | 2.9 |
| 锰/mg·L$^{-1}$ | <0.01 | 0.01 | 0.02 | 0.02 | 0.03 | 0.03 |
| 铁/mg·L$^{-1}$ | 0.03 | 0.23 | 0.04 | 0.04 | 0.01 | 0.03 |
| 锌/mg·L$^{-1}$ | 0.03 | 0.08 | 0.01 | 0.10 | 0.02 | 0.06 |
| 耗氧量COD$_{Mn}$/mg·L$^{-1}$ | 4.2 | 3.4 | 3.3 | 3.3 | 3.2 | 3.2 |
| 氯仿/μg·L$^{-1}$ | 10.1 | 6.9 | 5.2 | 4.2 | 2.2 | 2.3 |
| 四氯化碳/μg·L$^{-1}$ | 0.031 | 0.010 | 0.031 | 0.016 | 0.027 | 0.020 |
| 亚硝酸盐氮/mg·L$^{-1}$ | <0.001 | 0.007 | 0.002 | 0.066 | 0.005 | 0.011 |

由表4-8可知,经二次供水改造后,供水水质明显改善,主要表现在:
(1)余氯下降幅度由1.25mg/L减小到0.5mg/L,改善了用户龙头水口感。夏季
余氯浓度下降约0.65mg/L,冬季下降约0.4mg/L,同时用户龙头水均保持有一
定余氯。(2)细菌总数下降,生物稳定性提高,微生物滋生速度减缓,细菌总
数提高幅度明显下降。(3)经二次供水设施改造后,浊度虽有上升,但升高幅
度由1.08NTU下降到0.25NTU。(4)小区内街坊管、楼道立管更新后,水中铁、
锰含量明显下降。(5)水中有机物含量有所下降,如氯仿、四氯化碳、耗氧量
均稍有下降。

综上所述,二次供水设施改造后,庆宁寺小区和上钢四村内居民饮用水水质
普遍提高。此外,经调查发现,在小部分居民家中由于表后管材(使用年代已久
的镀锌管)未同步更新,故在水压变化时仍会出现黄水现象,建议更新这部分管
材,以进一步改善水质问题。

表4-9为庆宁寺小区和上钢四村两试点小区二次供水设施改造工程运行一年
后37项水质指标变化。根据表4-9可知,二次供水设备运行状况良好,供应用
户水质大幅度提高,浊度基本保持在0.3~0.4NTU之间,用户龙头水都能保持有
一定量余氯以保证消毒效果。二次供水设施出水水质和市政管网水质基本保持
一致。

表 4-9 二次供水试点小区改造前后水质分析

| 序号 | 项 目 | GB 5749—2006 标准限值 | 上钢四村 | | 庆宁寺小区 | |
|---|---|---|---|---|---|---|
| | | | 设施前 | 设施后 | 设施前 | 设施后 |
| 1 | 细菌总数/CFU·mL$^{-1}$ | 100 | 0 | 0 | 0 | 0 |
| 2 | 总大肠菌群 /CFU·100mL$^{-1}$ | 0 | 0 | 0 | 0 | 0 |
| 3 | 耐热大肠菌群 /CFU·100mL$^{-1}$ | 0 | 0 | 0 | 0 | 0 |
| 4 | 余氯/mg·L$^{-1}$ | 0.05 | 1.6 | 0.30 | 2.0 | 0.10 |
| 5 | 色度 | 15 | 9 | 10 | 10 | 8 |
| 6 | 浊度/NTU | 1 | 0.32 | 0.33 | 0.25 | 0.38 |
| 7 | 嗅与味 | 无异嗅味 | 无异嗅味 | 无异嗅味 | 无异嗅味 | 无异嗅味 |
| 8 | 肉眼可见物 | 无 | 无 | 无 | 无 | 无 |
| 9 | pH 值 | 6.5~8.5 | 7.4 | 7.3 | 7.5 | 7.5 |
| 10 | 总硬度/mg·L$^{-1}$ | 450 | 118 | 118 | 120 | 120 |
| 11 | 阴离子表面 活性剂/mg·L$^{-1}$ | 0.3 | 0.10 | 0.19 | 0.17 | 0.13 |
| 12 | 氰化物/mg·L$^{-1}$ | 0.05 | <0.002 | <0.002 | <0.002 | <0.002 |
| 13 | 硒/mg·L$^{-1}$ | 0.01 | 0.0008 | 0.0005 | 0.0007 | 0.0008 |
| 14 | 铝/mg·L$^{-1}$ | 0.2 | <0.01 | 0.08 | 0.05 | 0.03 |
| 15 | 砷/mg·L$^{-1}$ | 0.01 | 0.0003 | 0.0039 | 0.0026 | 0.0008 |
| 16 | 硫酸盐/mg·L$^{-1}$ | 250 | 122 | 112 | 99 | 91 |
| 17 | 硝酸盐氮/mg·L$^{-1}$ | 10 | 2.27 | 2.47 | 2.18 | 2.34 |
| 18 | 氯化物/mg·L$^{-1}$ | 250 | 84 | 91 | 95 | 95 |
| 19 | 汞/mg·L$^{-1}$ | 0.001 | <0.0001 | <0.0001 | <0.0001 | <0.0001 |
| 20 | 锰/mg·L$^{-1}$ | 0.1 | 0.01 | 0.01 | 0.01 | <0.01 |
| 21 | 铁/mg·L$^{-1}$ | 0.3 | 0.04 | 0.04 | 0.11 | 0.03 |
| 22 | 铅/mg·L$^{-1}$ | 0.01 | <0.002 | <0.002 | <0.002 | <0.002 |
| 23 | 铜/mg·L$^{-1}$ | 1 | <0.005 | <0.005 | <0.005 | <0.005 |
| 24 | 锌/mg·L$^{-1}$ | 1 | 0.01 | 0.08 | 0.08 | 0.04 |
| 25 | 镉/mg·L$^{-1}$ | 0.003 | <0.002 | <0.002 | <0.002 | <0.002 |
| 26 | 铬（六价）/mg·L$^{-1}$ | 0.05 | <0.004 | <0.004 | <0.004 | <0.004 |
| 27 | 氟/mg·L$^{-1}$ | 1 | 0.64 | 0.71 | 0.76 | 0.78 |

| 序号 | 项 目 | GB 5749—2006 标准限值 | 上钢四村 | | 庆宁寺小区 | |
|---|---|---|---|---|---|---|
| | | | 设施前 | 设施后 | 设施前 | 设施后 |
| 28 | 耗氧量/mg·L$^{-1}$ | 3 | 2.7 | 3.6 | 3.0 | 3.2 |
| 29 | 挥发酚/mg·L$^{-1}$ | 0.002 | 0.003 | <0.002 | <0.002 | 0.003 |
| 30 | 氯仿/μg·L$^{-1}$ | 60 | 2.5 | 2.8 | 4.6 | 3.9 |
| 31 | 四氯化碳/μg·L$^{-1}$ | 2 | 0.031 | 0.024 | 0.057 | 0.019 |
| 32 | 溶解性总固体/mg·L$^{-1}$ | 1000 | 384 | 364 | 378 | 366 |
| 33 | 亚硝酸盐氮/mg·L$^{-1}$ | — | 0.009 | 0.182 | 0.006 | 0.244 |
| 34 | 氨氮/mg·L$^{-1}$ | | 0.11 | 0.10 | 0.34 | 0.07 |
| 35 | 电导率/ms·L$^{-1}$ | | 63 | 63 | 63 | 62 |
| 36 | 总碱度/mg·L$^{-1}$ | | 66 | 70 | 76 | 74 |
| 37 | 总有机碳/mg·L$^{-1}$ | | 4.2 | 4.4 | 4.3 | 4.1 |

### 4.3.2 改造前后能耗对比分析

#### 4.3.2.1 招商雍华府小区改造前后能耗对比分析

案例 1 为招商雍华府小区，该小区二次供水模式在改造前采用普通的变频供水模式，改造后采用智能箱式泵站。通过二次供水模式改造，泵站节能效果显著：（1）智能箱式泵站减少了地下车库设置生活泵房的需要，节约了基建成本；（2）生活与消防泵房间的独立设置有利于日后的养护管理；（3）在用电能耗的节约更体现了智能箱式泵站的优势，按 30 年的使用寿命计算，共可节约电费 27.3 万元（表 4-10），节约投资 122.3 万元（表 4-11）。为了进一步展示该小区采用智能箱式泵站的节能效果，本节对二次供水模式改造前后能耗变化和投资成本进行了对比，分别见表 4-10 和表 4-11。

表 4-10 两种二次供水模式能耗分析

| 项目 | 改 造 前 | 改 造 后 |
|---|---|---|
| 工况 | 普通变频泵站 | 智能箱式泵站 |
| 供水时段 | 白天由变频泵供水 18h，夜间由稳压泵供水 6h | 白天高峰时由变频泵供水 8h，白天非高峰 10h 和夜间 6h 叠压供水 |
| 日供水量 | 522m$^3$ | 522m$^3$ |
| 供水模式 | 变频泵从水池变频加压到 46m，稳压泵从水池变频加压到 61m | 变频泵加压到 46m 能耗为常规变频（46-16）/46＝65%，稳压泵加压到 61m 能耗为常规变频（61-16）/61＝74% |

| 项目 | 改 造 前 | 改 造 后 |
|------|---------|---------|
| 日用电量 | $(5.5kW×2$ 台 $×18h+4kW×1$ 台 $×6h)×$ $0.7=155kW·h$ | $114.1kW·h$ |
| 单位耗电量 | $155kW·h/522m^3=0.30kW·h/m^3$ | $124kW·h/522m^3=0.22kW·h/m^3$ |
| 能耗比 | 改造前比改造后，每天节约电费 $(155-114.1)$ $kW·h×0.61$ 元$/kW·h=24.95$ 元；<br>则每年可节约电费 24.95 元$×365$ 天$=9106.75$ 元；<br>按 30 年使用寿命，可节约电费 9106.75 元/年$×30$ 年$=273202$ 元 | |

注：表 4-12 中智能箱式泵站日用电量的详细计算过程参见第 4.2.1 节。

**表4-11 两种二次供水模式投资成本分析**

| 项目 | 改 造 前 | 改 造 后 |
|------|---------|---------|
| 工况 | 普通变频泵站 | 智能箱式泵站 |
| 泵房成本 | 泵房共计 $350m^2$，按 3000 元$/m^2$ 土建费计算：$350×3000=105$ 万元 | 无需土建投资 |
| 电费成本 | $155kW·h/$天，0.61 元$/kW·h$，年电费：34511 元；30 年电费：103.5 万元 | $114.1kW·h/$天，0.61 元$/kW·h$，年电费：25404 元；30 年电费：76.2 万元 |
| 设备成本 | 约 100 万元 | 约 110 万元 |
| 合计投资 | 智能化箱式泵站比普通变频供水系统共节约投资 122.3 万元 | |

#### 4.3.2.2 松江高科技园改造前后能耗对比分析

案例 2 为上海漕河泾开发区松江高科技园区，在改造前该科技园区周边管线水量充沛，由于前期该科技园区建筑规模不大，因此该园区没有二次供水泵房，完全依靠市政管网压力直接供水。随着该园区二期建筑面积的扩展，园区生产企业及员工对水小、水压不足的反映非常强烈。因此，小区二期项目在建设中设置了 3 个智能化箱式泵站。改造后，二次供水泵站运作良好，小区供水恢复正常，发挥了泵房占地面积小、能源消耗少、水泵功效高的优势。二次供水模式改造前后，该科技园区能耗变化和投资成本的对比分析，见表 4-12 和表 4-13。

从表 4-12 和表 4-13 可知，与传统的二次供水设备相比，智能箱式/罐式泵站供水系统具有以下优势：(1) 避免二次污染：由于取消了泵前的水池（水箱），设备为全密封运行，细菌和粉尘不会进入系统，水体不与空气直接接触，负压消除器将空气中的细菌挡住，不会进入系统；无阳光直接照射，稳压平衡器采用食品级不锈钢或将环保涂料加在钢板上制作而成，不会滋生藻类，有效防止水质二次污染，符合人们对饮用水质越来越高的需求。(2) 节能效果显著：全封闭结构运行，避免了跑、冒、滴、漏、渗等现象发生；无断流蓄水池，节省了冲洗消毒用水；充分利用自来水管网压力，利用变频技术及压差控制技术对自来水压力进行楼层供水压力差补充（在自来水压力无法达到供水高度时，该供水设备启动，并确保楼层用户用水高峰期要求），差多少，补多少，能充分利用管网余压；用水低峰期，设备甚至不需运行，与传统给水设备比，节能达 30%～60%；（3）安装过程简单：直接式管网叠压供水设备成套供应用户，现场只需将设备组装起来，做好管路进水口和出水口法兰连接即可，施工周期短、安装简便。（4）投资少运行成本低：无需修建蓄水池（水箱），不需设置大型气压罐，可节省一大笔土建投资费用。由于充分利用了自来水管网供水压力，故加压泵型号可以减小，设备投资减少；而且采用多泵并联运行，在用水低峰期一台泵即可满足用水需要，用水高峰时才会启动多台水泵，因此，设备运行过程中能耗非常低，可降低运行成本。（5）管理维护简便：智能化程度高，将变频技术与程序控制技术有机结合，通过可编程序控制器对压差控制器、流量计数器、电流负载等进行系统控制；确保无水停机，自动检测来水并启动运行，可依据水压、用水量进行自动调节水泵运转；不会产生污染，无需进行麻烦的清洗工作。（6）占地面积小：取消了泵前水池和水箱，可节约系统占地面积，充分利用节约的土地提高地产利用率，符合国家节约土地资源的要求。（7）停电可维持供水：设备有一条公共供水管路与用户管网直接相通，在停电时加压泵虽停止工作，但低区用户依旧可维持用水，即使在停水时，可通过稳压平衡器的存水维持短时间供水。（8）设备寿命长：无负压控制器采用不锈钢及黄铜件制造，无腐蚀，蓄水罐内部衬铜，杀菌清洁卫生。

虽然二次供水设施改造中采用智能箱式/罐式泵站具有上述优点，但是目前仍然存在以下几个问题：（1）无负压供水设备适用范围较小，适合安装在周边水量充足的供水区域；（2）它是一种新型的设备，技术上还不成熟，还有待进一步完善；（3）无负压供水设备解决了水泵吸水口处的压力接近负压时水泵如何停止吸水的问题，但对管网可能产生的影响（如水压波动、水表计量等）没有作全面的分析和预防。

**表 4-12　两种二次供水模式能耗分析**

| 项目<br>工况 | 改造前 | 改造后 |
|---|---|---|
| | 普通变频泵站 | 智能箱式泵站 |
| 1号<br>泵站 | ①白天由变频泵供水 12h；<br>②日供水量：$36m^3/h \times 12h = 432m^3$；<br>③供水模式：变频泵加压到 40m；<br>④日用电量：5.5kW×1 台×12h=66kW·h；<br>⑤单位耗电量：66kW·h/432$m^3$=0.15kW·h/$m^3$ | ①高峰时由变频泵供水 2h，非高峰 10h 稳压泵叠压供水；②日供水量：432$m^3$；③供水模式：变频泵加压到 40m 能耗为常规变频 (40-16)/40＝60%；④日用电量：30.8kW·h；⑤单位耗电量：30.8kW·h/432$m^3$＝0.07kW·h/$m^3$ |
| | 改造后，每天节约电费 (66-30.8) kW·h×0.85 元/kW·h=29.92 元；<br>年节约电费 29.92 元×365 天 = 10920.8 元 | |

| 项目 工况 | 改造前 | 改造后 |
|---|---|---|
| | 普通变频泵站 | 智能箱式泵站 |
| 2号 泵站 | ①白天由变频泵供水 12h；<br>②日供水量：75.6m³/h×12h＝907.2m³；<br>③供水模式：变频泵加压到 55m；<br>④日用电量：15kW×1 台×12h＝180kW·h；<br>⑤单位耗电量：180kW·h/907.2m³＝0.2kW·h/m³ | ①高峰时由变频泵供水 2h，非高峰 10h 稳压泵叠压供水；②日供水量：907.2m³；③供水模式：变频泵加压到 40m 能耗为常规变频（55－16）/55＝71%；④日用电量：95.55kW·h；⑤单位耗电量：95.55kW·h/907.2m³＝0.11kW·h/m³ |
| | 改造后，每天节约电费（180－95.55）kW·h×0.85 元/kW·h＝71.78 元；<br>年节约电费 71.18 元×365 天＝25980.7 元 | |
| 3号 泵站 | ①白天由变频泵供水 12h；<br>②日供水量：18m³/h×12h＝216m³；<br>③供水模式：变频泵加压到 50m；<br>④日用电量：5.5kW×1 台＊12h＝66kW·h；<br>⑤单位耗电量：66kW·h/216m³＝0.31kW·h/m³ | ①高峰时由变频泵供水 2h，非高峰 10h 稳压泵叠压供水；②日供水量：216m³；③供水模式：变频泵加压到 40m 能耗为常规变频（40－16）/40＝60%；④日用电量：33.88kW·h；⑤单位耗电量：33.88kW·h/216m³＝0.16kW·h/m³ |
| | 改造后，每天节约电费（66－33.88）kW·h×0.85 元/kW·h＝27.3 元；<br>年节约电费 27.3 元×365 天＝9965.2 元 | |

注：表 4-14 中智能箱式泵站日用电量的详细计算过程参见第 4.2.3 节。

**表 4-13　两种二次供水模式投资成本分析**

| 项目 工况 | 改造前 | 改造后 |
|---|---|---|
| | 普通变频泵站 | 智能箱式泵站 |
| 泵房成本 | 1~3 号泵房共计 465m²，则按 3000 元/m² 土建费计算：465×3000＝139.5 万元 | 无需土建投资 |
| 电费成本 | 312kW·h/天，0.85 元/kW·h，年电费：96798 元；30 年电费：290.4 万元 | 160.23kW·h/天，0.85 元/kW·h，年电费：32957.9 元；30 年电费：98.9 万元 |
| 设备成本 | 智能化箱式泵站比普通变频泵房设备成本高 10%左右，约 25 万元 | |
| 合计投资 | 智能化箱式泵站比普通变频供水系统共节约投资 306 万元 | |

# 术　语

## 4.1　二次供水模式能耗

为满足居民小区高层用户对水量和水压要求，运行二次供水设备如气压罐、水泵和电控系统等所消耗的电能。

## 4.2　智能箱式泵站

主要由微机变频控制柜、水泵机组、压力传感器、液位控制器、管路管件和阀门等构成，通过微机控制多台泵实现变频启动，无冲击电流，机械冲击磨损较小，具有使用寿命、系统稳定性、高电网冲击小和节能效果显著等优点。

## 4.3　无负压供水设备

无负压供水设备是一种加压供水机组，可直接与市政供水管网连接，在市政管网剩余压力基础上串联叠压供水，并确保市政管网压力不小于设定保护压力。

## 参 考 文 献

[1] 姚黎光，朱慧峰，徐青萍，等 . 上海市居民二次供水水质保障关键技术研究与应用 [J]. 净水技术，2017，36 (s1)：18-21.

[2] 姚黎光，张晓平，廖军，等 . 上海市二次供水优化布局与水质保障技术示范 [J]. 中国给水排水，2017，33 (14)：25-28.

[3] 舒诗湖 . 城市二次供水加压方式与管理模式探讨 [J]. 中国给水排水，2016，32 (4)：16-23.

# 5 二次供水设施接管与运行维护

## 5.1 二次供水设施接管

经过十多年不懈努力，上海市二次供水设施改造取得了历史性突破，全市供水量基本能够满足住宅居民的用水需求，供水水质也稳中有升，但与群众的需求尚有一定差距。特别是对二次供水设施的运维与管理，还有待进一步改善。因此，上海市政府不仅开展了大量的调查研究，同时也相继出台了相关的政策法规。2007年上海市政府发文启动"中心城区居民住宅二次供水设施改造和理顺相关管理体制"工作。2014年再次公布《上海市人民政府办公厅转发市水务局等六部门关于继续推进本市中心城区居民二次供水设施改造和理顺管理体制工作实施意见的通知》，强调继续该项工作必要性，并发文正式施行《上海市生活饮用水卫生监督管理办法》。参照这些法规规范，各区（县）根据实际情况，自行制定了相应方案，配套落实资金，明确责任，积极推进区（县）居民住宅二次供水设施改造和理顺相关管理体制工作，为饮用水安全保障提供了强有力支持。

### 5.1.1 二次供水设施移交接管要求、接管原则和程序

#### 5.1.1.1 设施接管要求

根据二次供水设施改造工程管理办法（试行）规定，工程综合验收时，实施单位和施工单位应与相关供水企业办理工程资料交接手续，并承担保修期内的维修责任；工程综合验收后，区二次供水办应组织实施单位、业委会或居委会、物业服务企业等向相关供水企业移交二次供水设施相关历史资料，同步完成二次供水设施管理移交手续并备案。相关供水企业完成移交手续后应向市二次供水办备案。移交接管目标是实现供水企业管水到表。

#### 5.1.1.2 设施接管原则

设施接管原则如下：（1）二次供水设施投用移交指的是二次供水设施建成后，符合相关标准且水质达到国家标准，需要投入运行，由建设单位、产权人（单位）自行管理或委托第三方负责二次供水设施的运行维护管理。

（2）二次供水设施管理职责移交包括按照相关政策，二次供水设施建设单位、产权人（单位）或其授权的管理单位与城市供水企业签订移交管理协议，

将二次供水设施管理职责移交供水企业。供水企业负责按协议接收相应的二次供水设施的运行管理。二次供水设施应根据产权性质采取相应的移交管理方式。

（3）二次供水设施移交产权的，应由原产权人与运行管理单位履行产权变更手续；仅移交管理职责的，应由产权人与运行管理单位签订移交委托管理协议。

### 5.1.1.3 设施移交和接管程序

二次供水设施移交与接收管理程序至少应包括资料查验和现场查验环节。应仔细查验并对照设计图纸、竣工图纸和泵房现场布置的一致性；查验设备、材料的规格、材质、铭牌与相关资料是否一致；查验设备、控制系统参数资料是否满足设计及运行管理要求；现场检验设备、控制系统的运行功能和保护功能是否满足设计和运行需要。

**A 资料查验**

二次供水设施管理单位应对照建设项目相关批复要求，查验并接收建设单位移交的下列资料：主管部门批文；设计方案审查意见书；工程质量验收资料；工程施工监理资料；竣工图纸及机、电、自动化、安防等主要竣工图纸（包括电子版光盘）；重大事故处理资料；工程所包括设备、材料的合格证、质保卡、说明书、涉水产品卫生许可批件及设备的安装调试、性能鉴定等资料；水质检测资料；环境噪声监测报告；其他相关资料。

**B 现场查验**

泵房位置，泵房位置设置应符合国家现行标准《泵站设计规范》（GB 50265）、《建筑给水排水设计标准》（GB 50015）、《二次供水工程技术规程》（CJJ 140）的规定；空气环境，泵房内的空气环境应符合现行国家标准《采暖通风与空气调节设计规范》（GB 50019）和《民用建筑供暖通风与空气调节设计规范》（GB 50736）；室外泵房或地上泵房的墙体、顶棚和门窗等应具有保温、隔热措施，并应设置空气调节装置。卫生要求，泵房的内墙、地面、顶面应选用符合环保要求、易清洁的材料铺砌或涂覆；泵房应定期清理，保持卫生，不应存放容易变质发霉的物品；严禁与泵房无关的设施占用。噪声要求，泵房环境噪声应符合现行国家标准《民用建筑隔声设计规范》（GB 50118）的规定。电气要求，泵房内的电气控制设备应具备相应的防水、防潮等级，并应采取相关的防护措施。排水要求，应设置独立的排水设施，不宜与其他设备间共用；与市政排水系统之间必须设置有效的防污染措施；定期对泵房内的集水坑和排水沟进行清理消毒。光照要求，泵房内部及进出通道的照明系统应符合现行国家标准《建筑照明设计标准》（GB 50034）的规定；应急备用照明系统应符合现行国家标准《建筑设计防火规范》（GB 50016）的规定。安全要求，泵房的位置信息、图纸资料、用户信息等应严格管理，严禁非相关专业人员查阅；泵房内严禁存放易燃、易爆、易腐蚀、易挥发等有毒有害物质；泵房的管理单位应建立泵房出入人员实名登记台账，应设置门禁报警系统。

## 5.1.2 设施接管范围及计划

上海市中心城区居民住宅的二次供水设施接管和运行维护工作主要由市属供水企业来完成。黄浦江以东中心城区主要由上海浦东威立雅自来水有限公司负责实施；黄浦江以西中心城区由上海城投水务（集团）有限公司负责实施。其中，涉及二次供水的工作主要由上海城投水务（集团）有限公司下属供水分公司的二次供水管理部来完成，包含原自来水市南、市北、闵行公司供水区域，涉及杨浦、虹口、闸北、普陀、黄埔、静安、徐汇、长宁、宝山9个完整行政区，闵行区大部分，嘉定、松江和青浦区小部分，共计108个街镇。此外，奉贤、金山和崇明区等郊区在改造完成后，由供水企业同步实施接管。表5-1对上海城投和浦东威立雅公司接管范围内居民住宅二次供水设施情况进行了统计。

**表5-1 上海市中心城区居民住宅二次供水设施情况**

| 区域 | 建筑面积 /万 m² | 常住人口 /万人 | 生活水泵 /万台 | 水池 /万个 | 水箱 /万个 |
|---|---|---|---|---|---|
| 浦东中心城区 | 13286 | 540.9 | 1.17 | 0.52 | 8.91 |
| 浦西中心城区 | 30139 | 1162.01 | 2.66 | 1.19 | 20.22 |
| 合计 | 43425 | 1702.91 | 3.84 | 1.71 | 29.13 |

对上海市二次供水设施的接管计划是，在各区政府的配合下，供水企业按照"管水到表，一管到底"原则，于2014年11月正式启动居民住宅二次供水设施移交接管工作。签订移交接管协议，明确各方权利和义务。根据不同建成年份的居民住宅，二次供水设施移交接管采取不同的方式，见表5-2。在2014~2015年，上海城投水务集团累计接管居民住宅面积为5628.56万平方米的二次供水设施；截至2018年年底，接管住宅面积1.07亿万平方米的二次供水设施（小区4000余个），涉及屋顶水箱超过5万只。截至2019年，共接管住宅面积为1.53亿平方米的二次供水设施（包含中心城区及郊区的二次供水设施）。

**表5-2 不同的二次供水设施移交接管方式**

| 名称 | 建成年份 | 移交方 | 接管要求 | 截至年份 |
|---|---|---|---|---|
| 旧住宅 | 2001年前 | 业委会或居委会、物业服务公司 | 改造后接管 | 2020年 |

| 名称 | 建成年份 | 移交方 | 接管要求 | 截至年份 |
|------|---------|--------|---------|---------|
| 次新住宅 | 2001~2015 年 | 业委会或居委会、物业服务公司 | 分批接管 | 2017 年 |
| 新住宅 | 2015 年以后 | 住宅建筑方、前期物业服务公司 | 即刻接管 | 投入使用半年内 |

# 5.2 二次供水设施运行与维护

根据《上海市生活饮用水卫生监督管理办法》的相关规定，二次供水设施管理单位应当按照法律、法规、规章以及国家和本市有关卫生标准和规范的要求，履行二次供水设施日常维护管理职责，保证二次供水水质符合国家和本市生活饮用水卫生标准和规范要求。

## 5.2.1 运维机构和人员

（1）二次供水设施的运维管理单位应有专门的机构和人员，建全管理制度，明确职责分工。严格按照安全运行、卫生管理、治安保卫等有关法规和标准规范，建立健全设施维护、清洗消毒、水质检测、持证上岗、档案管理、应急和治安防范等制度。配备专职或兼职安全生产、卫生管理、治安保卫人员，强化日常管理，提供优质服务。要充分利用物联网技术，建立二次供水远程管理控制网络，提高管理效率和服务水平。要制定或完善应急处置预案并组织演练，严格落实人防技防物防措施。

（2）管理人员应持有健康证明，具备相应的专业技能，并经专业培训合格后方能上岗；凡患有痢疾、伤寒、病毒性肝炎、活动性肺结核、化脓性或渗出性皮肤病及其他有碍饮用水卫生的疾病和病原携带者，不得从事二次供水相关工作。如发现在职的二次供水从业人员患有以上疾病，应立即将其调离工作岗位，确保二次供水安全。

（3）管理人员应熟悉二次供水设施、设备的技术性能和运行要求；掌握生活饮用水卫生相关法规和知识；具备二次供水设施设备运行、维修、保养和应急处置相关技能；当二次供水发生污染，可能危及人体健康时，有关单位或责任人应立即采取措施，启动应急预案，第一时间向监管部门报告，消除污染，经水质检验合格后方可恢复供水。

#### 5.2.2　设施分级管理制度

　　参照上海市城投水务集团供水分公司现有管理架构，居民住宅二次供水设施运行维护执行区域化、区块化、网格化管理，共分成 11 个区域化的供水管理所、36 个区块化的供水管理站、97 个网格化供水管理分站，如图 5-1 所示。

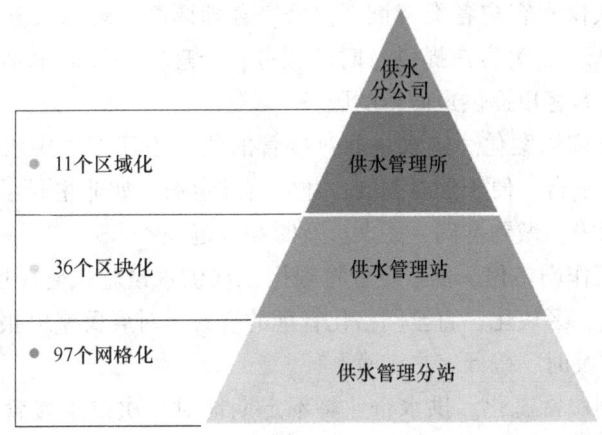

供水
分公司

● 11个区域化　供水管理所

● 36个区块化　供水管理站

● 97个网格化　供水管理分站

图 5-1　二次供水设施分级管理制度

　　二次供水设施分级管理制度的网格化，需要与供水企业原有工作相结合，共同实施。如用水计量区域建立、小区管网漏损控制、客户实名制、总表分装等。网格化的二次供水管理工作力争做到管理界面制度化、质量保障体系化、水质达标标准化、养护程序规范化、日常服务条理化、安全管理档案化、抢修工作网格化、便民利民常态化。它们的具体内容如下：

　　(1) 管理界面制度化。供水企业和物业服务公司各司其职，协同承担管养工作。供水企业主要负责包括供水、水池（水箱）、水泵、管道、阀门等设施的日常维护，并承担相关经费；物业服务企业主要负责居民住宅小区供水水泵的日常操作及二次供水设施的日常巡视，对管道漏水等突发事件实施前期应急处理。

　　(2) 质量保障体系化。供水企业接管住宅小区二次供水设施后，应对二次供水设施维护材料选型、采购和使用严格控制，保障客户的切身利益；同时将材料的质量问题反馈给政府管理部门、设计和改造实施单位，对材料质量进行追溯，建立质量保障闭环体系。

　　(3) 水质达标标准化。二次供水设施移交供水企业，真正实现了供水企业管水到表，为确保二次供水水质达到国家饮用水水质标准，供水分公司二次供水水质管理实行三级管理（集团、分公司、供水管理所）、四级检测（服务商自检、第三方检测、管理方抽检、日常检测）的制度。

（4）养护程序规范化。供水企业接管住宅小区二次供水设施后，应定期对二次供水设施实施保养；规范水箱、水池的清洗程序，严格按照相关规范执行，做到"事前有通知、事中有确认、事后出具水质检验合格报告"，让居民安心用水。

（5）日常服务条理化。全天受理水质投诉，上海供水热线 962740，全天候24 小时受理二次供水客户各类咨询、报修；合理调度，现场服务需求派至邻近的客户代表 PDA 上，为客户提供及时的服务；处理完毕及时电话回访，以人性化的关怀为每一名客户提供最诚挚的服务。

（6）安全管理档案化。供水企业对接管的住宅小区二次供水设施、设备基础数据录入 GIS 平台，便于随时调阅；建立管理台账，如业主联系册、居民报修记录和维护记录等，做到准确、无误、及时和规范。

（7）抢修工作网格化。供水企业将根据二次供水设施接管小区的实际情况，逐步实现区域化、区块化，直至网格化管理的模式。对居民来电报修的情况，力争做到抢修工作及时，确保客户满意。

（8）便民利民常态化。供水企业将不定期地对二次供水接管小区进行用水情况调查和现场回访工作，主动走访客户了解用水情况和需求，不断改进服务工作。

### 5.2.3　设施管理标准

为促进二次供水系统运行维护管理的执行，上海市政府部门制定了《二次供水系统设计、施工、验收和运行维护的管理要求》（DB 31/566—2011）。该管理标准规定供水企业应建立二次供水水质检测制度，并对二次供水设施进行定期巡检。此外，还应当应建立二次供水设施维护保养制度，同时提高二次供水水质投诉处理效率。

（1）设施管理范围。二次供水管理范围是指供水企业已接管的居民住宅二次供水设施。二次供水设施包括住宅内涉及供水的水箱、水池、管道、阀门、水泵、计量器具及其附属设施。

（2）设施管理要求。二次供水系统的设计、施工、验收和运行维护的管理要求应依照上海市地方标准《二次供水系统设计、施工、验收和运行维护的管理要求》（DB 31/566—2011）执行。二次供水水质应符合国家《生活饮用水卫生标准》（GB 5749—2006）要求。

（3）水质检测制度。供水企业应建立二次供水水质检测制度。供水区域内每 2 万人设采样点 1 个，可根据供水人口变化酌情增减，采样点的设置要有代表性，可设置在小区泵房出水管、水箱出水管、物业受水点等能反映二次供水水质的位置，每月1次对二次供水的采样点水质进行检测，检测项目包括浑浊度、余氯、色度、细菌总数、总大肠菌群5项。

（4）设施定期巡检。供水企业应对二次供水设施进行定期巡检。每月对泵房设备、水池外部设备与环境巡检1次；每季度对管道及附属设备巡检1次；每半年对水箱内外设备巡检1次。发现泄漏等设施故障或供水安全隐患，应及时报修；发现二次供水设施附近存在污染源，应及时清除，杜绝二次污染发生。

（5）设施维护保养。

1）供水企业应每半年对水箱（水池）等蓄水设施清洗、消毒1次，并进行记录。不具备清洗、消毒能力的企业，须委托具有二次供水设施管理部门认定资格的专业队伍进行操作。水箱（水池）清洗、消毒完毕，应对水质进行检测（检测样本不小于10%），检测项目包括浊度、余氯、色度、细菌总数、总大肠菌群、pH值、肉眼可见物、臭味8项，检测合格方可恢复供水。具体按照《二次供水水箱（水池）清洗、消毒管理技术规程（试行）》执行。图5-2所示为二次供水水箱（水池）清洗、消毒流程。

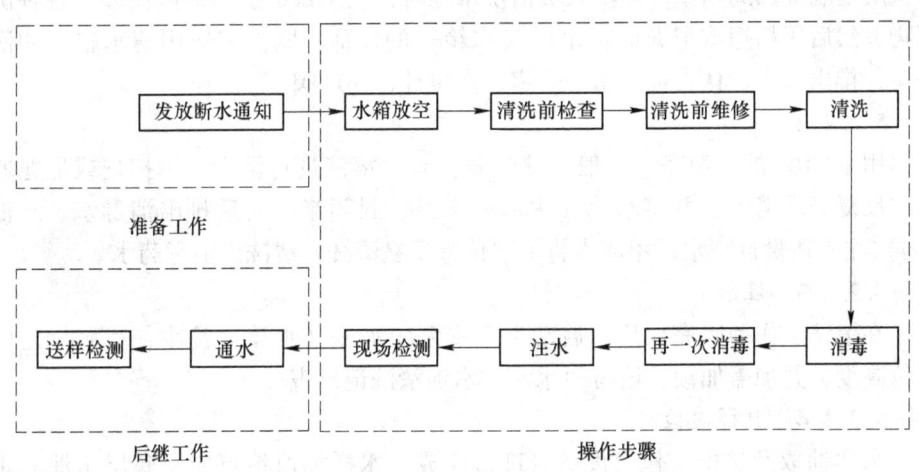

图5-2 水箱（水池）清洗消毒操作流程

2）供水企业应每半年对蓄水设施的内外设备、水泵、发电机、各类阀门、各类管道与附件进行检测与维护保养1次。每年对二次供水全套设施与设备进行维护保养1次。

（6）设施水质投诉处理。供水企业应将二次供水水质管理与供水热线紧密结合。发现异常时，应及时启动预案，派人现场处置；重大事件可与运管中心等有关部门联动，采取有效措施解决；必要时报告上海市供水行政主管部门，尽快解决突发问题。

### 5.2.4　水箱（水池）清洗消毒操作规范

#### 5.2.4.1　工具及安全须知

工具的准备：扫把、尼龙刷、铁铲、消毒药物、照明灯具、潜水泵等。

安全须知：

（1）电源。水池内作业光源要用 36V 以下安全电压工作照明，最好用手电、应急灯，三相水泵要装有漏电开关。

（2）缺氧。有些水池长期封闭、无通气孔、空气流通极差，可在水箱底部水口处连接鼓风机吹风，通风时间约为 3h。

（3）在清洗水箱的过程中，消毒人员须带防护眼镜和口罩，如在水箱内感到身体不适，产生头晕、眼睛酸痛、心闷、气紧，要马上离开水池，用清水冲洗眼睛，呼吸新鲜空气即可恢复。上下水池应穿防滑鞋，传送工具等物品应用绳子。未经试验水池中有无氧气前，不得进入水池。

（4）消毒人员必须戴防护眼镜和口罩。除杂物和清洗水池（水箱）底部，依次反复刷洗四周墙壁。清洗人员清洗水池时，先用铁铲铲出池内泥砂及各种沉积物，然后用扫把或尼龙刷从水池（水箱）的顶部，刷洗完毕用清水整体冲洗一遍，排出污水。认真检修水池管道、水位计、浮球阀。

#### 5.2.4.2　消毒

用 1∶100 的灭菌净（一般为漂白精粉）水溶液进行消毒，用扫把或尼龙刷依次反复刷洗消毒，并将水池（水箱）盖好，封闭半小时后排出消毒水。水池（内）注入适量自来水，用清水将上述位置反复清洗，清洗出消毒药水。

#### 5.2.4.3　注水

在清洗工作彻底完成后，启动生活水泵向水池（水箱）注水，达到标定的水位高度，并加盖加锁，填写"水箱、水池清洗记录表"。

#### 5.2.4.4　取样送检

水样抽取及送检工作由设备管理员完成。水样抽取地点应从底层水池和顶层水龙头各抽样一次。盛放水样的容器为矿泉水或蒸馏水瓶，盛 500mL 的水，并在瓶外贴上送样单位及送样日期。在取水样的当天应由设备管理员将水样送至卫生防疫站受检，并负责取回《卫生检测结果报告单》交客户服务中心存档。如《卫生检测结果报告单》结果为不合格，应由客户服务中心主管安排重新清洗和消毒水池（水箱），必要时请卫生防疫部门派人监督全过程，直至检测合格为止。

#### 5.2.4.5　消毒药物配制方法

消毒药物配制方法（稳定性二氧化氯配制），以消毒 1.0t 水箱为例，需要配制 3kg 浓度为 200mg/L 的消毒液。方法：用容器盛消毒剂原液 80mL，加活化剂

8g，摇动或搅拌使其溶解，5min 后呈浅黄色即可加入 8kg 清水中稀释待用。使用时将上述稀释的消毒液喷洒在水箱内壁，使其湿润。喷洒完后 6min 即可注水使用。

（1）漂白粉配制的方法如下：

1）将漂白粉 300g（或漂精粉 150g）先加入少量水调成糊状，然后加入水至 10kg，搅拌均匀加盖，待沉淀后取上清液使用。

2）使用剂量以每平方米 200mL 上清液计算。

（2）次氯酸钠溶液用于自来水消毒浓度的计算方案如下：

1）按 1kg 有效氯处理 1000t 自来水的原则估算（此时水中有效氯浓度为 1mg/L）。

2）次氯酸钠溶液有效氯含量为 10%。按上述原则为 1kg 次氯酸钠溶液处理 1000t 自来水（此时水中有效氯浓度为 1mg/L）。

3）如果改变水中有效氯浓度，只需按上述原则推算即可。

备注：如果用于处理生活污水，有效氯浓度必须在 5mg/L 以上，接触时间在 45min 以上，方可达到国家排放标准。水箱清洗消毒后能有效防止"五病"，即痢疾、伤寒、病毒性肝炎、活动期肺结核、化脓性或渗出性皮肤病以及其他有碍公共卫生的疾病。

（3）水箱（水池）清洗消毒操作流程见表 5-3。

### 5.2.5 监督和评价

5.2.5.1 监督

（1）主体管理职责。按照相关政策要求完成二次供水管理职责移交的小区，二次供水管理责任由相应接收管理的城市供水企业负责；未进行二次供水设施管理职责移交的小区，二次供水设施管理责任由产权人、产权人委托的管理单位负责。

（2）行业监督管理。二次供水设施管理单位的日常监管、二次供水设施的卫生监督、二次供水设施管理的治安防范等工作分别由相关职能部门负责监督。

（3）群众监督。各类二次供水设施管理单位应自觉接收社会公众、用户的监督，遇二次供水水质等投诉时，应及时调查、核实、处理，处理结果及时反馈给当事人，并纳入日常考核。

5.2.5.2 评价

二次供水管理单位应加强对二次供水运行维护的检查和考核、研判。行业管理部门加强对二次供水管理单位的监督指导和服务。自查检查、抽查检查中可参照《二次供水设施运维管理评价评分表》，做好考核、评价，及时消除隐患。

**表 5-3 水箱（水池）清洗消毒操作流程**

| 工作程序 | 工作内容 | 工作步骤 | 工作要求 | 依据文件 |
|---|---|---|---|---|
| 准备工作 | 停水通知 | 提前 3 天发放停水通知 | 内容包括：工作内容、工作范围、停水日期、停水时间、恢复通水时间 | (1)《二次供水水箱（水池）消毒管理技术规程》（上海市城市建设投资总公司）; (2)《二次供水设备保养（施）技术规程》（上海市城市建设投资开发总公司） |
| | 水箱（水池）放空 | (1) 关闭需清洗水箱（水池）进水阀；<br>(2) 打开其他水箱（水池）连通阀，保证用户用水；<br>(3) 打开清洗水箱（水池）排水阀或启动潜水泵排空剩水；<br>(4) 关闭排水阀或潜水泵 | (1) 操作时阀门启闭应灵活，表面无锈蚀、污；<br>(2) 各类管路应无渗漏，表面无锈蚀；<br>(3) 放空时排水管路应畅通、无阻塞 | |
| 操作步骤 | 清洗前检查 | (1) 周围环境；<br>(2) 水箱（水池）内、外壁；<br>(3) 浮球阀（遥控浮球阀）；<br>(4) 人孔及人孔盖；<br>(5) 放气孔、溢水管防虫网罩；<br>(6) 管道、阀门防冻包扎；<br>(7) 内外扶梯 | (1) 周围无污染物；<br>(2) 水箱（水池）内外壁无裂缝、损坏等现象；<br>(3) 浮球阀（遥控浮球阀）启闭灵活，状态良好；<br>(4) 人孔及人孔盖安装坚固，密闭严实；启闭灵活；领具齐全；<br>(5) 防虫装置齐全、畅通、无损坏；<br>(6) 防冻保温层表面平整，封口严密，无裂缝、松动及开裂现象；<br>(7) 内外扶梯结构牢固，上下自如 | |

续表 5-3

| 工作程序 | 工作内容 | 工作步骤 | 工作要求 | 依据文件 |
|---|---|---|---|---|
| 操作步骤 | 清洗前维修 | 上述各项内容有损坏时，需维修或调换 | 保证上述各项内容安全可靠、性能良好、无损坏 | (1)《二次供水箱(水池)消毒管理技术规范》(上海市城市建设投资公司);<br>(2)《二次供水设备保养维修技术规程》(上海市城市建设投资开发总公司) |
| | 清洗 | (1) 用清水洗刷水箱(水池)内壁;<br>(2) 洗刷完毕，开排水阀或启动潜水泵排清净水洗;<br>(3) 用清水再次洗刷后排净清水;<br>(4) 关闭排水阀或潜水泵 | 冲洗程序：先箱(池)顶，再四壁，最后箱(池)底，自上而下，由里向外依次进行 | |
| | 消毒 | (1) 用消毒液均匀喷洒水箱(水池)内壁表面至入孔口处;<br>(2) 消毒后用清水洗刷水箱(水池)内壁，并排空剩水;<br>(3) 关闭排水阀或潜水泵;<br>(4) 按上述操作重复消毒一次 | (1) 喷洒程序：自上而下，由里向外依次进行;<br>(2) 消毒时间：30min | |
| | 注水 | (1) 关闭其他水箱(水池)连通阀;<br>(2) 打开进水阀向水箱(水池)内注水;<br>(3) 达到调定的水位后加盖上锁;<br>(4) 收装好所有工具，清理工作现场 | (1) 水箱(水池)进水应无旋涡、回流现象;<br>(2) 浮球阀(遥控浮球阀)启闭应灵活;<br>(3) 保持工作现场整洁干净 | |

续表 5-3

| 工作程序 | 工作内容 | 工作步骤 | 工作要求 | 依据文件 |
|---|---|---|---|---|
| 操作步骤 | 现场检测 | 由供水企业二次供水管理部门专业人员抽样检测 | (1) 同批次清洗消毒水箱（水池）抽样检测比例为10%，最低检测数量不得少于1个。<br>(2) 现场检测4项水质指标：<br>1) 浑浊度≤1NTU；<br>2) 余氯≥0.05mg/L；<br>3) 肉眼可见物：无；<br>4) 嗅和味：无异臭、异味。<br>(3) 现场检测结果填写《水箱（水池）清洗消毒记录表》。<br>抽检水样不合格，水质检测人员应对当日同批次清洗消毒水箱（水池）进行全部现场检测，不合格水箱（水池）重新清洗，直至合格为止。 | (1)《生活饮用水卫生标准》(GB 5749—2006)；<br>(2)《上海市居民住宅二次供水设施管理移交办法（试行）》(沪水务〔2007〕919号)；<br>(3)《二次供水水箱（水池）清洗消毒技术规程》（上海市城市建设投资开发总公司） |
| | 通水 | 水质经现场检测合格后通水 | 及时向用户公布清洗消毒合格通告 | |
| 后继工作 | 送样检测 | 由清洗消毒单位抽样送有相关资质水质部门检测 | (1) 同批次清洗消毒水箱（水池）抽样检测比例10%，最低检测数量不得少于1个；<br>(2) 送样检测浑浊度、余氯、色度、细菌总数、总大肠菌群5项水质指标；<br>(3) 送样检测报告（原件）交供水企业二次供水管理部门备案、归档；<br>(4) 供水企业二次供水管理部门对送样检测不合格指标重新安排合格的水箱（水池）应根据不合格指标重新安排清洗消毒，并在一周内完成 | |

续表 5-3

| 工作程序 | 工作内容 | 工作要求 | 依据文件 |
|---|---|---|---|
| 安全管理 | (1) 水箱（池）的清洗消毒至少要有 2 人以上组成。<br>(2) 在水箱（池）内作业时，光源需采用 36V 以下的安全电压，最好用手电筒或应急灯。<br>(3) 潜水泵应装漏电开关，漏电开关应在使用前测试好坏，并在使用中确认开启。<br>(4) 水箱（池）消毒人员需戴防护眼镜和口罩，如在水箱（池）内工作时感到头晕气喘，应立即离开，并到外面呼吸新鲜空气。<br>(5) 上下水箱（池）时应抓紧扶手，踩稳扶梯，严防跌落 |  | 《二次供水水箱（水池）清洗消毒管理技术规程》（上海市城市建设投资开发总公司） |
| 药品要求 | 清洗消毒使用的消毒剂应当标明产品的名称、生产单位、卫生许可批号。清洗消毒单位不得擅自复配清洗消毒液 |  |  |

## 术　语

### 5.1　次氯酸钠溶液有效氯

次氯酸钠水解时产生的具有氧化消毒作用次氯酸 HClO。

### 5.2　二次供水管理范围

指供水企业已接管的居民住宅二次供水设施，主要包括居民住宅内涉及供水的水箱、水池、管道、阀门、水泵、计量器具及其附属设施。

## 参 考 文 献

［1］上海市水务局. 上海市居民住宅二次供水设施改造工程管理办法（试行）［Z］. 上海市：上海市住房保障和房屋管理局，2014.

［2］战楠，徐锦华，刘操，等. 北京城市二次供水设施运行管理现状分析与建议［J］. 北京水务，2015（3）：44-46.

［3］王海亮，周云，孙坚伟，等. 二次供水常见水质问题及防治技术［J］. 净水技术，2010，29（4）：71-74.

［4］张详中，黄振华，陈水佛. 二次供水水质变化原因探讨［J］. 净水技术，2003，22（3）：46-48.

# 6 二次供水设施精细化管理

## 6.1 二次供水设施精细化管理需求

### 6.1.1 国家对饮用水安全要求

《国家中长期科学和技术发展规划纲要》中明确要求保证供水水质，充分体现了国家对饮用水水质安全的重视。《全国城市饮用水安全保障规划（2006—2020）》确立的目标：至2020年，全面改善设市城市和县级城市的饮用水安全状况，建立起比较完善的饮用水安全保障体系，满足2020年全面实现小康社会目标对饮用水安全的要求。

近年来，随着公众对供水水质要求提升，二次供水设施的监管水平日益受到重视。以往供水安全保障的重心往往集中在寻求突破水源水质和水厂处理工艺上，而对于水质在城市输配水管网及二次供水设施中的变化则没有给予更高重视。在我国一些大城市及特大城市中，由于管线长（通常达几十千米），水体局部停留时间较久，出厂时合格的自来水在经过庞大的管网系统到达用户终端的过程中易发生复杂的物理、化学及生物变化，最终导致用户龙头水水质变差，甚至水质不合格。中国疾病控制中心对全国35个城市的调查表明，出厂水经管网、二次供水设施输送到用户自来水龙头，自来水不合格率增加20%左右，一些城市多次出现管网和二次供水水质受污染引起的突发事故。据对占全国总供水量2.44%的36个城市水质的调查，当出厂水平均浊度为1.3NTU时，管网水平均浊度可能增加到1.6NTU；色度由5.2度增加到6.7度；铁离子浓度由0.09mg/L增加到0.11mg/L；细菌总数由6.6CFU/mL增加到29.2CFU/mL。由此可见，自来水在输配过程中造成的水质二次污染问题不容忽视。

### 6.1.2 地方对饮用水安全要求

自来水的供应由水源、水厂、管网和二次供水四大环节组成。随着上海市青草沙水源地工程、水厂升级改造、管网更新等基础设施的大力投入，全市自来水供应得到持续、稳定、长足的发展，能满足城市建设发展和市民生活的正常用水需求。但是随着城市化进程高速发展，二次供水设施环节出现的水质污染问题日益凸显。尽管水厂的处理工艺已经十分成熟，出厂水水质明显优于《生活饮用水卫生标准》（GB 5749—2006），但是要到达用户家中，往往要经过十分庞大的管网系统，在输送、储存过程中，管网内发生着复杂的化学、生物和物理反应，对水质造成一定的影响。主要表现在水箱水较管网水色度、浊度增加，余氯降低快，二次供水设施老化陈旧与管理的不到位，直接影响老百姓对自来水的感官体会。同时，为了抑制管网中微生物滋生，通常需在配水系统中维持一定量的余氯，但余氯量过多又会造成其他问题。据研究表明，随着余氯量的增加消毒副产物的含量增加，对人体健康危害十分显著。目前大部分经济发达城市都会对二次供水设施进行监测，但数据庞大，尚未实现在线监测全面覆盖，同时二次供水水质监管与风险应对能力也相对薄弱，亟待加强。

2007 年，二次供水设施改造项目被列入上海市委、市政府重点关注目标，市建委牵头推进的"8+2"重点整改内容。2014 年 3 月 26 日蒋卓庆副市长牵头召开了全市推进会，以市与区签订任务书的形式，进一步明确新一轮改造目标，要求从 2014 年起，每年平均安排 2000 万平方米左右的改造量，到 2020 年完成中心城区居民住宅二次供水设施改造任务，逐步实现供水企业"管水到表"，并通过加强管理，使居民住宅水质与出厂水水质基本保持同一水平，进而匹配上海城市发展定位，与市民对供水水质日益提高的需求相适应。

## 6.2 二次供水设施监测技术及管理方案

上海市老旧居民住宅二次供水设施改造自 2007 年启动至 2018 年年底，基本完成改造任务，其成果广受社会好评。在二次供水改造完成后，供水企业对设施进行接管，并实施了日常检测和管理，以确保设施平稳运行。上海市二次供水设施改造和理顺管理体制联席会议办公室发布《关于加强本市居民住宅二次供水设施运行维护监督管理工作的通知》，要求住宅水质与出厂水水质保持一致，实施精细化管理，构建二次供水水质监测和管理体系势在必行。

近几年市政府相继出台了与二次供水水质监测与管理相关的政策法规，对二次供水水质监管体系提出了具体要求。《上海市生活饮用水卫生监督管理办法》已于 2014 年 5 月 1 日起正式施行。由上海市质量技术监督局发布的《生活饮用水卫生管理规范》（DB31/T 804—2014）也自 2014 年 8 月 1 日起实施。有了这些法规规范的实施，为二次供水水质的监管保障提供了强有力的支持。

《上海市生活饮用水卫生监督管理办法》规定：二次供水设施管理单位应当按照法律、法规、规章以及国家和本市有关卫生标准和规范的要求，履行二次供水设施日常维护管理职责，保证二次供水水质符合国家和本市生活饮用水卫生标准和规范的要求。二次供水设施管理单位应当按照本市生活饮用水卫生规范的要求，每季度对二次供水水质检测一次，并将检测结果向业主公示。业主发现二次供水水质疑似受到污染的，可以向业主委员会报告；必要时，由业主委员会要求二次供水设施管理单位进行水质检测。

根据《生活饮用水卫生管理规范》中相关规定，二次供水设施管理单位应当至少每半年对二次供水设施中的储水设施清洗、消毒一次。经检测发现二次供水水质不合格，或者高温、台风等因素导致二次供水水质不符合卫生标准和规范要求的，二次供水设施管理单位应当立即对二次供水储水设施进行清洗、消毒。卫生计生部门应当制订二次供水水质检测计划，并按照计划定期对二次供水水质状况进行抽检。每次清洗消毒后，从事清洗、消毒的单位应现场检测二次供水的浑浊度、消毒剂余量，并采集样品送具有计量认证资质的检验机构，由检验机构根据《生活饮用水卫生标准》的要求检测六项水质指标，包括色度、浑浊度、pH 值、菌落总数、总大肠菌群、消毒剂余量。此外，应定期对二次供水水质进行检测，检测指标为四项，包括浑浊度、消毒剂余量、细菌总数和总大肠菌群。

## 6.2.1　二次供水设施水质监测技术

目前二次供水水质监测技术主要是在线监测系统和人工采样分析（由人工现场快速检测及实验室检测组成）相结合。依据《上海市生活饮用水卫生监督管理办法》和《生活饮用水卫生管理规范》等监管要求，本节针对二次供水关键性水质问题，介绍了如何合理运用各种组合检测技术，全面高效掌握二次供水水质状况，实现有效监管，从而保障二次供水水质安全。

### 6.2.1.1　水质在线监测系统

二次供水水质在线监测系统是一个以在线分析仪表和实验室研究需求为服务目标，以提供具有代表性、及时性和可靠性的样品信息为核心任务，运用自动控制、计算机技术并配以专业软件，组成一个包括采样系统、预处理系统、数据采集与控制系统、在线监测分析仪表、数据处理与传输系统及远程数据管理中心在内的完整系统。各分系统间既各成体系，又相互协作，以保证整个在线自动监测系统连续可靠地运行。以下对水质在线监测系统进行介绍。

#### A　在线监测系统应用现状

国外对于管网水质在线监测系统的建设比较早，并且已经在对管网水质的分析和管理中发挥了极其重要的作用。在美国，几乎所有的供水企业都已建立起一套完整的水质在线监测网络，采集实时数据用来构建适用于当地具体管网条件的水质模拟模型。近年来，美国国家环保局（USEPA）总结各供水企业的成功经验，研制并向全国推广了一套功能齐备、精度十分高的管网水质分析和模拟软件系列 EPANET。2001 年推出的 EPANET2.0 已是其第三代产品。它拥有一个可以执行有压供水管网内水力和水质特性延时模拟的计算机程序。管网包括管道、节点（管道连接节点）、水泵、阀门和蓄水池（或者水库）等组件。EPANET2.0

可跟踪延时阶段管道水流、节点压力、水池水位高度以及整个管网中化学物质的浓度。除了模拟延时阶段的化学成分，也可以模拟水龄和进行源头跟踪。EPANET2.0 开发的目的是为了对配水系统中物质迁移转化规律的加深理解。它可以实现许多不同类型的配水系统分析，诸如采样程序设计、水力模型校验、余氯分析以及用户暴露评价。EPANET2.0 有助于评价整个系统水质改善的不同管理策略。

　　不仅是美国，在欧洲国家如法国、英国、荷兰等发达国家的重要城市，也建立起了各自的管网水质在线监测系统，并设计了适合自己国家供水管网现状的模型，经过较长时间的使用，积累了丰富的经验，在模型的精度和实用性两方面都达到了很高的水平。在亚洲国家，如日本东京水道局水质中心为确保供水水质安全，在供水区域内设置了 45 个水质监测器，可自动监测 7 项数据（水温、浊度、色度、pH 值、余氯、电导率、水压），并实时将数据传到水质中心，跟踪管网水质变化，评估管网的水质，利用管网水质模型借由计算机统计分析，全面掌握供水区域的实时情况。

　　此外，监控管网水质在一些发展中国家，如南非的部分城市也有进行，在1990 年前后当地建立了不同规模的管网水质在线监测系统；国内方面，杭州市在 2001 年初建设了包括 10 个监测点的管网水质在线监测系统；成都市已经建设了包括 20 个水质监测点的管网水质在线监测系统；西安建设了 10 个水质在线监测点；2003 年，温州市已经在给水管网中建立了 3 个水质在线监测点；天津水务公司与哈工大给排水系统研究所合作，正在进行水质在线监测系统的研究与建设。这些监测点监测的水质参数一般都是余氯和浊度指标，个别水务公司还有pH 值、氨氮等其他参数。

　　近年来，上海在管网水质在线监测系统建设方面已经有了一定规模，截至2015 年年底上海共安装管网实时监测仪表约 150 个，监测指标为余氯和浊度。在线监测网络的建立为管网水动态管理提供了科学依据，实时的水质指标监测有效指导了水厂的运行，降低了管网水浊度，减少了水中有机物的附着体，同时在线监测系统的运用也为政府和水厂对解决居民用水出现氯味等感官不快的问题提供了依据，使对管网水质的管理上了一个新台阶。此外该两项指标具有表征性，其变化幅度能初步判断供水水质情况，且相应的设备技术开发成熟，便于操作及维护。

　　B　在线监测设备市场调研

　　目前国内在线监测设备缺乏统一的规范标准，各城市的监测设备品牌不一、良莠不齐。本节选取了几家国内知名的在线监测设备生产企业，并以实地安装调试及口碑咨询、调研报告等方式深入比对了各仪器的性能、价格和售后服务，以期为进一步构建二次供水在线监测系统提供理论参考。

a 深圳某公司

深圳某公司成立于 2002 年 3 月，注册资本 5.33 亿元。该公司是国家火炬计划重点高新技术企业，主要致力于研制国际领先的环境监测系列产品、监控平台，以及水利信息化管理。在坚持自主研发的同时，该公司已与浙江大学、哈尔滨工业大学、华中科技大学、武汉大学等科研机构开展了广泛的产学研合作。

在环境监测、城市自来水管网和二次供水在线监测系统应用等方面，该公司开发了一系列产品，以适合不同水质的监测要求。其中二次供水的水质相比原水供水更容易受污染，二次供水的安全性和可靠性一直都受到居民的广泛关注，针对频繁的二次供水污染事件发生，该公司设计了一套型号为 YX-WQMS 的二次供水水质在线监测仪。监测仪以水质在线检测原件为核心，基于无线通信网络，综合运用自动测量、自动控制、计算机应用、数据库、无线通信、网络工程等技术，通过专用的二次供水水质监控管理软件实现二次供水水质参数 pH 值、藻类等环境因子的监测及数据的远程采集传输。YX-WQMS 二次供水水质在线监测仪加装应急辅助决策平台后，可对二次供水污染进行预警预报，防止污染水继续流向居民用户，有效保护居民健康。

该设备支持监测的指标有色度、浊度、余氯、pH 值、细菌总数、大肠菌群数、藻类、生物毒性、重金属铅等。

b 国外某公司

国外某公司成立于 1947 年，是杰出的水质分析解决方案的提供商。旗下拥有许多知名品牌，工厂分别位于美国、德国、瑞士、法国和英国，也在中国建立了生产基地。

该公司的全系列产品包括实验室分析仪、便携式分析仪以及在线分析仪、水质自动采样器、流量计等，为了更贴近中国市场，更好地满足中国用户的需求，也为了帮助越来越多的国内用户解决他们在水质监测领域所遇到的问题，该公司已经开始了产品本地化的工作。其在 2002 年成立了公司北京代表处，于 2012 年在上海成立了某水质分析仪器（上海）有限公司，并作为中国总部。

其用于二次供水水质的在线监测设备具有以下特点：

(1) 多参数的监测功能，包括 pH 值、电导率、氯（余氯和总氯）和浊度，并可选配其他参数。

(2) 系统应用灵活。

(3) 可以通过事件监测触发系统，控制增强型的在线水质监测系统，如 TOC 分析仪、自动采样器和 ORP 等。

(4) 安装方便，系统仅有一个样品入口、一个废液排口和一根电源连接线。

c 上海某公司

上海某公司是一家历史悠久、与时俱进的企业。该公司产品发展始终与时代保持同步，并不断开拓创新转型发展的道路。近年来，该公司为了顺应国际产业发展潮流、符合上海城市功能定位、切合其自身产业实际的新战略为指引，不断关注水环境污染问题，并融合电子制造业与信息服务业，大力发展系统集成监测设备和应用服务。其利用 i-stack 云平台将智慧水务各子系统进行融合管理，通过对二次供水水箱水质的 pH 值、电导率、浊度、余氯等指标进行在线自动监测，防止水质二次污染，同时为水质监管提供可靠的数据和智能化管理，确保居民用水符合饮用水的卫生质量要求。

该公司构建的"在线监测系统"主要是针对我国饮用水安全的现状和存在的问题，通过在线监测仪对管道、水箱等水体 pH 值、电导率值、浊度、余氯等参数进行实时数据采集和发送，并通过二次供水在线监测系统来实现水质实时监管、水箱基础信息管理、预警管理、水箱清洗管理、数据统计分析、系统管理等功能。

其二次供水水质多参数监测仪和二次供水在线监测系统具有以下特点：

（1）应用范围广泛，可构建饮用水全过程监测网络，形成饮用水水质监管系统。

（2）该系统既可应用于水厂对出厂水质和供水管网水质进行监测和监管，又可用于政府监管部门对二次供水设备以及终端水质进行卫生监测。

（3）二次供水水质多参数监测仪可与其他环境水质监测设备整合成城市饮用水水质预警监控系统，有效保证百姓饮水安全。

d 上海某自创品牌

上海某自创品牌推出的多参数水质监测系统支持多种传感设备包括 GPRS 远程数据监测仪（RTU）、温度传感器、电导率传感器（盐度传感器）、浊度传感器、叶绿素传感器、余氯传感器、pH 传感器、流量传感器、压力传感器等。所有传感器均可以通过 ModBus 总线与 RTU 相连，RTU 通过 ModBus 取得各传感器的水质参数，再通过 GPRS/CDMA 网络将数据上传到上位机服务器，实现水质的实时监测，并可实现参数超标的报警和预警功能。

系统构成：ZYRTU001 GPRS 远程数据监测仪，GPRS 远程数据监测仪是经过多年的实践经验及工程应用，为满足市场需求而开发的集数据采集与无线通信为一体的终端产品。该产品具有以下特点：

（1）可同时采集多路脉冲量、开关量和模拟量。

（2）终端具有 RS-232、RS-485、以太网等多种通信接口，可轻松实现 ModBus 等终端设备的远程连接。产品可同时支持 GSM 和 CDMA 网络，以 GPRS 为通信平台，具有不受地理限制、稳定、可靠、成本低等优点。

（3）设备设有开关量报警功能，可控四路继电器形式的干结点输出。

（4）设备与普通手机有通信接口，所有的数据参数都可用远程监控终端或手机进行查询与设置。并支持 GSM 和 CMDA1X 两种网络。

此外该公司还推出了两款水质指标在线监测设备：

（1）ZNTU1200 在线浊度传感器是一款可应用于自来水连续检测的投入式浊度传感器。可安装到管道上或者直接投入到水箱中。对环境光有超强抑制能力，无需考虑光线变化对传感器精度影响。此外其具有体积小、功能强等特点，适用于多点采样、定点式数据采集和长期连续在线监测。其自带的清洗装置，可定时清洁镜头表面污垢。

（2）余氯分析仪，适用于饮用水和管网系统、工业过程水消毒工艺的余氯浓度在线监测系统。无需 pH 值补偿，维护量小，只需要每两个月左右校准一次，每年更换一次覆膜。

C　各在线监测设备性能比较

本书对以上 4 家在线监测设备产品的性能、价格和售后进行了比较，其结果见表 6-1。

表 6-1　各在线监测设备产品比对

| 项　目 | 深圳某公司 | 上海某公司 | 国外某公司 | 上海某自创品牌 |
|---|---|---|---|---|
| 安装 | 主要服务市场在深圳 | 简便、提供上门服务 | 简便、提供上门服务 | 简便、提供上门服务 |
| 操作维护 | 操作简单，但缺少专业人员维护服务 | 对操作人员英语有一定要求 | 对操作人员英语有一定要求 | 操作简单，定期维护 |
| 技术指标 | pH 值、电导率值、浊度、余氯、总氯、藻类 | pH 值、电导率值、浊度、余氯、总氯 | 色度、浊度、余氯、pH 值、细菌总数、大肠菌群数、藻类、生物毒性、重金属铅 | pH 值、电导率值、浊度、余氯、总氯、温度、压力 |
| 数据传输 | 基于无线通信网络 | 利用 i-stack 云平台 | 建立管网系统的水质信息数据库 | GPRS 远程数据 |
| 价格 | 较昂贵 | 较昂贵 | 昂贵 | 经济实惠 |

经过比较发现虽然深圳某公司生产的在线监测设备能基本满足该市需求，但进一步了解后发现其公司总部设立在深圳，上海地区虽有分部，但其售后维修等服务主要通过深圳总部调度，响应相对迟滞。此外，在深圳实地调研中发现，虽然该设备支持多参数监测，但仪器的运行曲线和设备状况都不太稳定。

上海某公司作为本地企业在上海管网水质监测设备销售上有一定的市场优势，旗下产品的开发也顺应了上海城区对于水质的监测要求，支持多参数的监测，售后维护和安装调试等具有地理性优势，前期购入一套进行现场调试，调试稳定性较好，不过其设备价格相对比较昂贵，对操作人员要求也相对较高。

国外某公司作为专业的水质分析产品生产厂家，其设备可监测指标最广、稳定性佳，但其仪器售价及售后服务价格都非常昂贵，实际操作要求较高、难度偏大，总体性价比并不高。

上海某自创品牌的水质在线监测仪器是一款上海某公司自行开发的产品，其设计初衷即是贴合上海二次供水水质在线监测要求，构筑上海在线监测网络。该产品支持多参数监测，后期维护响应迅速。此外公司提供上门安装和现场培训等服务，仪器售价与服务收费也相对经济合理，是一款性价比很高的在线监测设备。在实际的安装调试过程中也发现该设备根据实际需求，简化了操作，且仪器各参数曲线浮动稳定。

综上所述，目前在线自动监测设备生产商众多，需要通过前期调研，并对比后期实际安装，才能找出适合本地二次供水设施监测需求的设备，以保证在线自动监测系统连续可靠地运行。

### 6.2.1.2　水质在线监测指标

根据前期市场调研发现，现有水质在线监测设备均支持多指标监测，如色度、浊度、余氯、pH 值等，对于二次供水在线监测而言，没有必要安装过多水质指标监测仪，因为部分水质指标变化相对比较稳定，且对二次供水的整体质量及合格率影响较小。过多安装设备容易造成投入成本增高、资源浪费，同时也增加了设备维护的难度，降低了监测的效率，不利于长期使用。此外，对于安装监测系统的小区而言，过多的设备也会占据建筑空间，增加了相关工作人员与小区管理方协调的难度，不利于工作开展。因此，需要综合考虑管网在线监测指标的表征性、监测设备前期投入成本和实际运维费用，以提出合理的水质在线监测指标。

目前，上海市二次供水关键问题主要是水浑水黄、红虫以及余氯下降问题。前者是由于设施管道材质老化、金属锈蚀等问题又会引发水质下降，而金属锈蚀主要由于设施管理不善和高温余氯分解。红虫的问题靠管理能得到解决，而另外两个水质问题则需要对其进行指标监测，保证其在合理范围内波动。

水体中的浊度和余氯指标具有表征性，浊度与水中悬浮微粒有关，监测浊度指标能协助控制水中有机物量，同时也可反映居民的感官感受；余氯对供水具有持续消毒作用，其值的高低能影响水中微生物量及对有机物的氧化能力。根据管网监测设备的应用情况，浊度和余氯在线监测设备应技术成熟，仪器运行稳定性高，后期维护及损耗较低。因此，综合其表征性及应用性，建议二次供水在线监测指标选取浊度和余氯两指标。

此外，从水质调查数据中发现 pH 值等指标值总体变化趋势不大，其数值的少量浮动不会对水质合格率产生很大的影响，因此没有必要进行实时监测，而生物指标如细菌总数、大肠杆菌等项目需要时间培养，相对于实验室成熟的检测技术，其在线监测技术尚未完善，数据准确率较低，目前尚不具备在线运行条件。

### 6.2.1.3　水质在线监测设备运行试点

城市水资源开发利用南方国家工程研究中心通过二次供水在线监测设备调研，选取合适的水质在线监测指标，引入了7套（1套上海某公司、6套上海某自创品牌）在线监测设备，在上海市中心城区有针对性地挑选了7个布点进行安装调试，并进行了为期一年的运行观察，各点仪器指标数据统计如图6-1、图6-2所示（《生活饮用水卫生标准》规定限值要求）。

（1）南方水中心水质在线监测结果分析。对该试点的二次供水设施进行余氯和浊度指标在线监测。经过一年数据统计，该小区监测指标数据稳定，符合生活饮用水标准要求，仪器设备运行正常。具体数据如图6-1和图6-2所示。

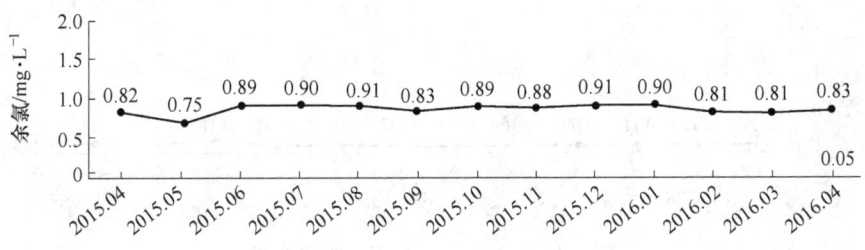

图6-1　南方水中心余氯在线监测图

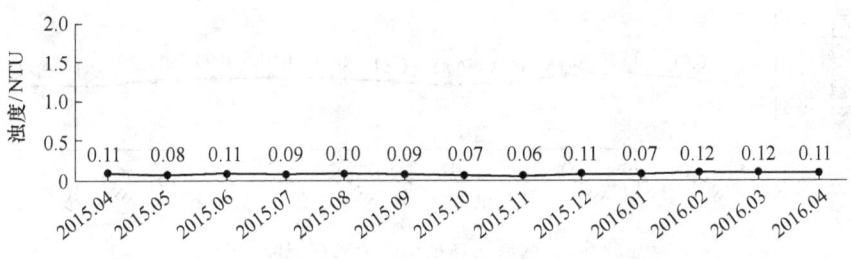

图6-2　南方水中心浊度在线监测图

（2）南江某住宅小区水质在线监测结果分析。该小区位于人口繁多的居住区，周围有上南中小学、云台中小学、洪山中学等多所学校，水质监测具有一定代表性。对该点的二次供水设施进行余氯和浊度指标在线监测。经过一年的数据统计，该小区监测指标数据稳定，符合生活饮用水标准要求。具体数据如图6-3和图6-4所示。

（3）衡辰三林某住宅小区水质在线监测结果分析。对该试点小区的二次供水进行余氯和浊度指标在线监测。经过数据统计，该小区监测数据稳定，符合生活饮用水标准要求，仪器设备运行正常。具体数据如图6-5和图6-6所示。

图 6-3 南江某小区余氯在线监测图

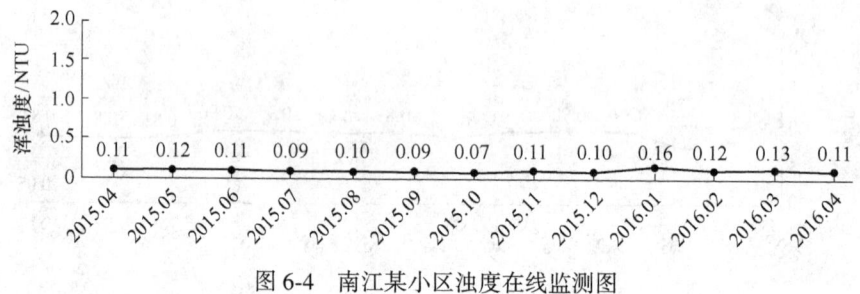

图 6-4 南江某小区浊度在线监测图

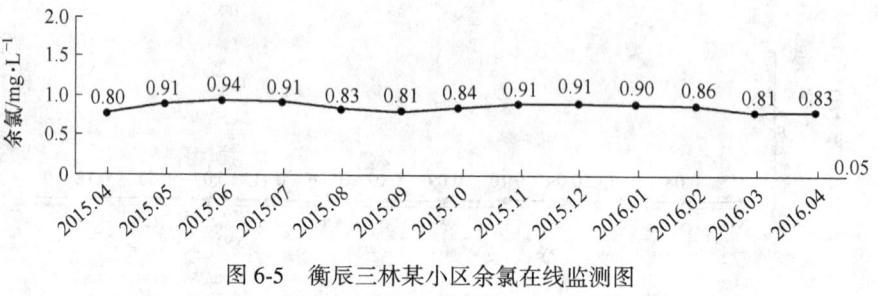

图 6-5 衡辰三林某小区余氯在线监测图

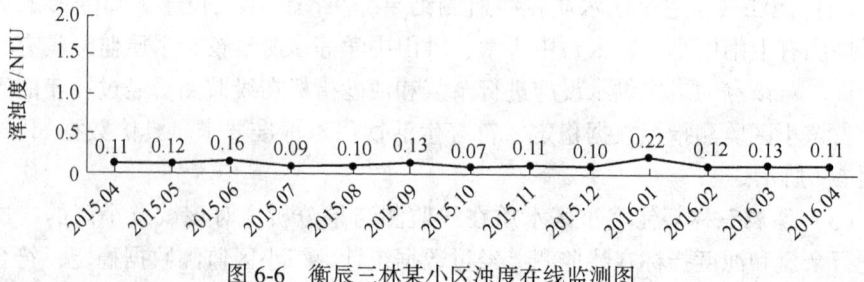

图 6-6 衡辰三林某小区浊度在线监测图

（4）逸亭某住宅小区水质在线监测图。该试点小区地处周浦镇核心区域，东临周东路，南临年家浜路，周边配套设施有周浦镇小学、澧溪中心小学和周浦镇第三小学等多所学校以及周浦医院等公用设施，二次供水水质代表性强。对该试点小区的二次供水进行两项指标在线监测，经统计，该小区监测数据稳定，符合生活饮用水标准要求。具体数据如图6-7和图6-8所示。

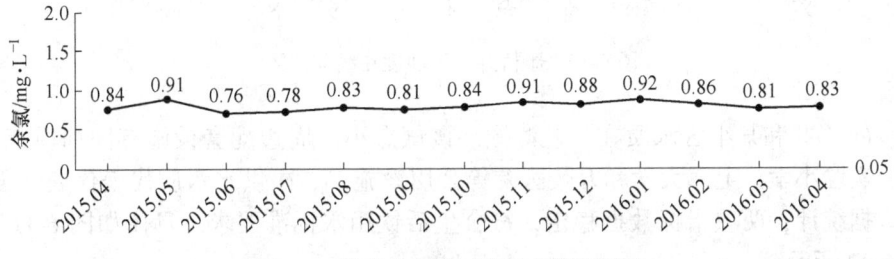

图6-7　逸亭佳某小区余氯在线监测图

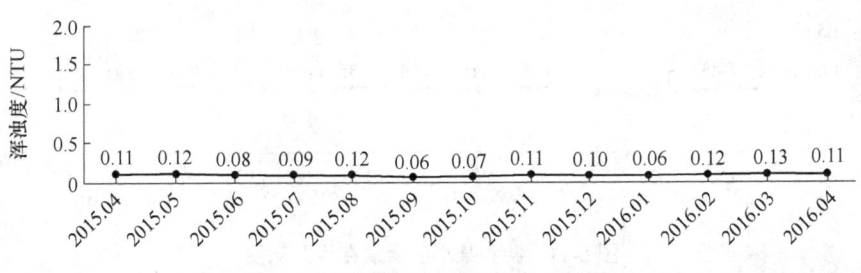

图6-8　逸亭某小区浊度在线监测图

（5）康桥某住宅小区水质在线监测图。该试点小区地处上海浦东新区中心辐射生活区，总建筑面积超过100万平方米，入住家庭超过5000户，附近配套设施有上海建桥学院、周浦第二小学、中福利幼儿园、仁济医院东方医院等公用设施，二次供水水质代表代表性强。经数据统计，两项指标数据稳定，符合生活饮用水标准要求。具体如图6-9和图6-10所示。

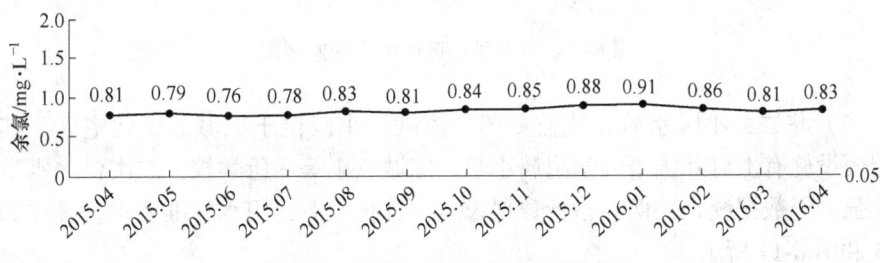

图6-9　康桥某小区余氯在线监测图

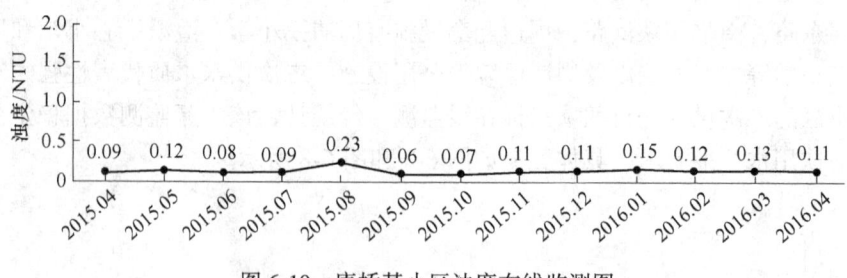

图 6-10    康桥某小区浊度在线监测图

（6）共和某小区水质在线监测图。该试点小区周边配套设施有同洲模范学校、实验小学、上海大学和万豪医院等公用设施，二次供水水质代表代表性强。经数据统计，两项指标数据稳定，符合生活饮用水标准要求。具体如图 6-11 和图 6-12 所示。

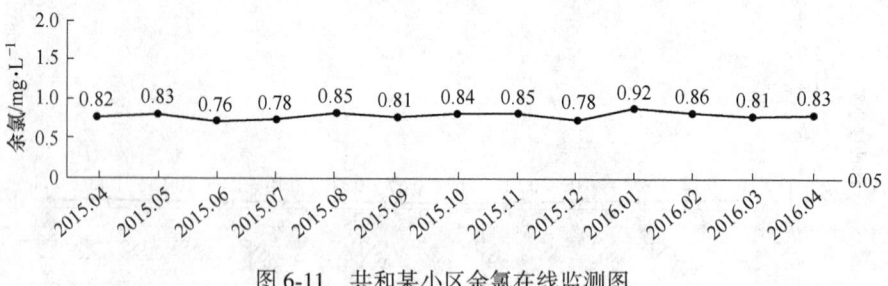

图 6-11    共和某小区余氯在线监测图

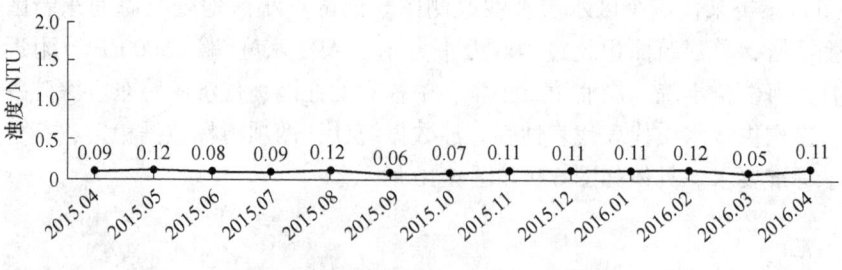

图 6-12    共和某小区浊度在线监测图

（7）华二某小区水质在线监测图。该试点小区位于凉城居民住宅区。其周围配套设施有上海外国语大学附属小学、凉城三小等多所学校，二次供水水质代表性强。经数据统计，两项指标数据稳定，符合生活饮用水标准要求。具体如图 6-13 和图 6-14 所示。

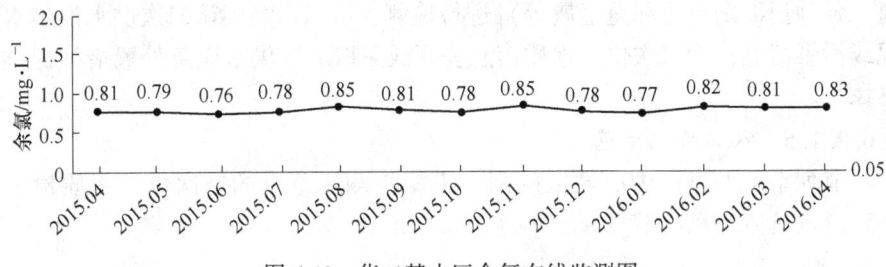

图 6-13 华二某小区余氯在线监测图

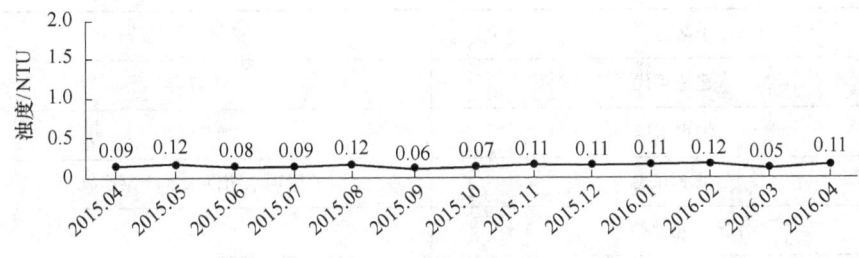

图 6-14 华二某小区浊度在线监测图

　　根据上述监测图可知，在为期一年的二次供水设施在线监测设备安装调试过程中，七个试点小区安装调试的监测设备曲线运行稳定，监测指标未出现异常趋势，总体水质数据平稳，这与人工现场检测的水质数据吻合。且在整个试用调试过程中，在线监测设备整体故障率低、运行稳定、操作维护简便，完全符合二次供水在线监测需求。本次调试结果为后阶段在上海市全面推广二次供水水质在线监测奠定了基础。

### 6.2.1.4　人工采样分析

　　A　人工现场快速检测

　　依据现行二次供水水质监督要求，应定期对二次供水设施进行清洗消毒，并现场检测关键水质指标。定期人工现场检测有利于掌握在线监测设备的运行情况，确认监测数据的稳定性与准确性；并且当在线监测数据出现异常时，人工现场检测能有效判断异变起因，准确掌握二次供水设施现场情况，为下一步实验室检测或采取应急措施提供信息。

　　B　实验室检测

　　在线监测设备和人工现场快速检测仅重点关注某几项关键性水质指标，要详细了解二次供水水质状况还需通过人工采集送至实验室分析。通过采样员规范采集和运输，检测机构实验员使用比色管、浊度仪和自动滴定仪等设备对《生活饮用水卫生管理规范》要求的各项指标（如耗氧量、挥发酚类、总硬度、亚硝酸盐氮、各种消毒副产物和重金属等）进行检测，可以最终确认二次供水设施水质情况或污染情况，为二次供水水质信息公开或采取二次供水应急处置措施提供数据支撑。

### 6.2.1.5 人工检测示范点

本节列举了上海市中心城区的两个人工检测示范点的二次供水水质检测结果，示范点具体信息如下。

A 通河某小区人工检测示范点

通河某小区人工检测示范点信息见表6-2。

表6-2 通河某小区人工检测示范点信息

| 小区名字 | 通河某小区 |
| --- | --- |
| 建造年代 | 1987 年 |
| 供水水厂 | 闸北水厂 |
| 供水方式 | 屋顶水箱供水（无泵房） |
| 小区水箱总数/个 | >30 |
| 是否进行过改造 | 未完成改造 |

该示范点小区建于1990年前，属于公房类型，地点位于宝山通河住宅区内，人群密度高，示范点的设立具有一定水质代表性。水质调查数据显示该点二次供水水质稳定，符合饮用水国标要求。小区二次供水管理单位资质齐全，并配备有专业消毒和检测人员，消毒、采样和检测步骤操作规范。此外该小区二次供水设施完整，维护得当，示范点龙头安装合理，环境整洁，因此将该采样点作为二次供水水质人工检测示范点（通河某小区人工检测示范点现场如图6-15所示）。

图 6-15　通河某小区人工检测示范点现场图

**B　华二小区人工检测示范点**

华二小区人工检测示范点信息见表 6-3。

表 6-3　华二小区人工检测示范点信息

| 小区名字 | 华二小区 |
| --- | --- |
| 建造年代 | 1996 年 |
| 供水水厂 | 杨树浦水厂 |
| 供水方式 | 水池和水箱联合供水 |
| 小区水箱总数/个 | >30 |
| 是否进行过改造 | 2008 年完成改造 |

该示范点小区建于 1990 ~ 2000 年，属于老旧小区，地点位于虹口凉城住宅区内，是一个人群密度很高的区域，该示范点的设立具有一定水质代表性。小区在迎世博 600 天中完成二次供水设施接管和改造，小区二次供水设施由城投水务集团统一管理，并配有专业的消毒和检测人员，严格按照规范要求消毒、采样和检测；此外小区已安装二次供水水质在线监测系统并进行全面水质调查，水质数据稳定，符合饮用水国标要求。因此将该采样点作为二次供水水质人工检测示范点（华二小区人工检测示范点现场如图 6-16 所示）。

图 6-16  华二小区人工检测示范点现场图

C  人工采样示范点二次供水检测数据

人工采样示范点二次供水检测数据见表 6-4~表 6-7。

表 6-4  通河某小区二次供水及其对应管网水 42 项检测数据汇总

| 42 项检测指标 | | 1 月 | | 4 月 | | 9 月 | |
|---|---|---|---|---|---|---|---|
| 水质指标 | 单位 | 管网水 | 二次供水 | 管网水 | 二次供水 | 管网水 | 二次供水 |
| 总大肠菌群 | CFU/100mL | 未检出 | 未检出 | 未检出 | 未检出 | 未检出 | 未检出 |
| 菌落总数 | CFU/mL | 0 | 0 | 0 | 0 | 0 | 0 |
| 色度 | | <5 | <5 | <5 | 5 | 5 | 5 |
| 浑浊度 | NTU | 0.11 | 0.11 | 0.11 | 0.11 | 0.1 | 0.13 |
| 嗅和味 | | 无 | 无 | 无 | 无 | 无 | 无 |
| 肉眼可见物 | | 无 | 无 | 无 | 无 | 无 | 无 |
| pH 值 | | 7.6 | 7.6 | 8 | 8.1 | 8 | 8.2 |
| 一氯胺（总氯） | mg/L | 0.9 | 0.73 | 0.55 | 0.54 | 0.56 | 0.18 |
| 砷 | mg/L | 0.0006 | 0.0006 | 0.0004 | 0.0004 | 0.0005 | 0.0005 |
| 铅 | mg/L | <0.0002 | <0.0002 | <0.0002 | <0.0002 | <0.0002 | <0.0002 |
| 氰化物 | mg/L | <0.002 | <0.002 | <0.001 | <0.001 | <0.001 | <0.001 |
| 硝酸盐（以 N 计） | mg/L | 2.11 | 2.01 | 2.12 | 1.96 | 1.02 | 1.1 |
| 铁 | mg/L | <0.02 | <0.02 | <0.02 | <0.02 | <0.02 | <0.02 |
| 锰 | mg/L | <0.02 | <0.02 | <0.02 | <0.02 | <0.02 | <0.02 |
| 铬（六价） | mg/L | <0.004 | <0.004 | <0.004 | <0.004 | <0.004 | <0.004 |
| 氯化物 | mg/L | 25 | 25 | 26 | 26 | 18 | 19 |

续表 6-4

| 42 项检测指标 | | 1 月 | | 4 月 | | 9 月 | |
| --- | --- | --- | --- | --- | --- | --- | --- |
| 水质指标 | 单位 | 管网水 | 二次供水 | 管网水 | 二次供水 | 管网水 | 二次供水 |
| 总硬度（以 $CaCO_3$ 计） | mg/L | 139 | 142 | 133 | 129 | 120 | 118 |
| 挥发酚类（以苯酚计） | mg/L | <0.002 | <0.002 | <0.001 | <0.001 | <0.001 | <0.001 |
| 耗氧量（$COD_{Mn}$ 法，以 $O_2$ 计） | mg/L | 1.7 | 1.7 | 1.7 | 1.7 | 1.5 | 1.5 |
| 亚硝酸盐氮 | mg/L | 0.007 | 0.01 | 0.007 | 0.01 | 0.109 | 0.021 |
| 镉 | mg/L | <0.00005 | 0.00016 | 0.00017 | 0.00017 | 0.00009 | 0.00015 |
| 汞 | mg/L | 0.0001 | 0.00008 | 0.00003 | 0.00002 | 0.00006 | 0.00005 |
| 硒 | mg/L | <0.0001 | <0.0001 | <0.0001 | <0.0001 | 0.0003 | 0.0003 |
| 铝 | mg/L | <0.01 | 0.02 | 0.05 | 0.06 | 0.08 | 0.13 |
| 铜 | mg/L | 0.002 | 0.002 | 0.001 | 0.001 | 0.001 | 0.001 |
| 锌 | mg/L | <0.01 | 0.02 | <0.01 | <0.01 | <0.01 | <0.01 |
| 氟化物 | mg/L | 0.25 | 0.27 | 0.27 | 0.28 | 0.2 | 0.21 |
| 硫酸盐 | mg/L | 46 | 44 | 45 | 43 | 47 | 47 |
| 溶解性总固体 | mg/L | 232 | 228 | 243 | 250 | 251 | 204 |
| 阴离子合成洗涤剂 | mg/L | 0.09 | 0.09 | 0.1 | 0.09 | 0.08 | 0.08 |
| 三氯甲烷 | mg/L | 0.0117 | 0.0113 | 0.0111 | 0.0114 | 0.0167 | 0.0136 |
| 四氯化碳 | mg/L | 0.00002 | 0.00001 | <0.00001 | <0.00001 | 0.00002 | 0.00001 |
| 一氯二溴甲烷 | mg/L | 0.00256 | 0.00259 | 0.00256 | 0.00259 | 0.0042 | 0.00388 |
| 二氯一溴甲烷 | mg/L | 0.00629 | 0.00613 | 0.00629 | 0.00613 | 0.00843 | 0.00749 |
| 三溴甲烷 | mg/L | 0.00081 | 0.00081 | 0.00081 | 0.00081 | 0.00056 | 0.00052 |
| 三卤甲烷（总量） | mg/L | 0.34 | 0.33 | 0.34 | 0.33 | 0.47 | 0.4 |
| 耐热大肠菌群 | CFU/100mL | 未检出 | 未检出 | 未检出 | 未检出 | 未检出 | 未检出 |
| 大肠埃希氏菌 | CFU/100mL | 未检出 | 未检出 | 未检出 | 未检出 | 未检出 | 未检出 |

**表 6-5 通河某小区二次供水及其对应管网水 9 项检测数据汇总**

| 9 项检测指标 | | 3 月 | | 5 月 | | 6 月 | |
| --- | --- | --- | --- | --- | --- | --- | --- |
| 水质指标 | 单位 | 管网水 | 二次供水 | 管网水 | 二次供水 | 管网水 | 二次供水 |
| 总大肠菌群 | CFU/100mL | 0 | 0 | 0 | 0 | 0 | 0 |
| 菌落总数 | CFU/mL | 0 | 2 | 0 | 0 | 0 | 0 |

| 9 项检测指标 | | 3 月 | | 5 月 | | 6 月 | |
|---|---|---|---|---|---|---|---|
| 水质指标 | 单位 | 管网水 | 二次供水 | 管网水 | 二次供水 | 管网水 | 二次供水 |
| 色度 | 铂钴色度单位 | <5 | <5 | 5 | 5 | <5 | <5 |
| 浑浊度 | NTU | 0.09 | 0.14 | 0.1 | 0.1 | 0.1 | 0.1 |
| 嗅和味 | | 无 | 无 | 微弱 | 无 | 无 | 无 |
| 肉眼可见物 | | 无 | 无 | 无 | 无 | 无 | 无 |
| pH 值 | | 8 | 8 | 7.6 | 7.7 | 7.7 | 7.8 |
| 一氯胺（总氯） | mg/L | 0.95 | 0.98 | 0.5 | 0.16 | 0.28 | 0.15 |
| 亚硝酸盐（以 N 计） | mg/L | 0.006 | 0.004 | 0.066 | 0.125 | 0.061 | 0.085 |

**表 6-6   华二某小区二次供水及其对应管网水 42 项检测数据汇总**

| 42 项检测指标 | | 1 月 | | 4 月 | | 9 月 | |
|---|---|---|---|---|---|---|---|
| 水质指标 | 单位 | 管网水 | 二次供水 | 管网水 | 二次供水 | 管网水 | 二次供水 |
| 总大肠菌群 | CFU/100mL | 未检出 | 未检出 | 未检出 | 未检出 | 未检出 | 未检出 |
| 菌落总数 | CFU/mL | 0 | 2 | 0 | 0 | 1 | 1 |
| 色度 | | 5 | 5 | <5 | <5 | <5 | <5 |
| 浑浊度 | NTU | 0.1 | 0.1 | 0.1 | 0.1 | 0.1 | 0.1 |
| 嗅和味 | | 无 | 无 | 无 | 无 | 无 | 无 |
| 肉眼可见物 | | 无 | 无 | 无 | 无 | 无 | 无 |
| pH 值 | | 7.5 | 7.6 | 7.9 | 7.9 | 7.9 | 8 |
| 一氯胺（总氯） | mg/L | 0.74 | 0.32 | 0.61 | 0.08 | 0.96 | 0.11 |
| 砷 | mg/L | 0.0002 | 0.0002 | 0.0003 | 0.0003 | 0.0002 | 0.0002 |
| 铅 | mg/L | <0.0002 | <0.0002 | <0.0002 | <0.0002 | <0.0002 | <0.0002 |
| 氰化物 | mg/L | <0.002 | <0.002 | <0.001 | <0.001 | 0.001 | 0.001 |
| 硝酸盐（以 N 计） | mg/L | 1.51 | 1.59 | 1.48 | 1.41 | 1.58 | 1.71 |
| 铁 | mg/L | <0.02 | <0.02 | <0.02 | <0.02 | <0.02 | <0.02 |
| 锰 | mg/L | <0.02 | <0.02 | <0.02 | <0.02 | <0.02 | <0.02 |
| 铬（六价） | mg/L | <0.004 | <0.004 | <0.004 | <0.004 | <0.004 | <0.004 |
| 氯化物 | mg/L | 24 | 24 | 27 | 30 | 28 | 28 |
| 总硬度（以 $CaCO_3$ 计） | mg/L | 137 | 136 | 125 | 126 | 112 | 112 |
| 挥发酚类（以苯酚计） | mg/L | <0.002 | <0.002 | <0.001 | <0.001 | <0.001 | <0.001 |

| 42项检测指标 | | 1月 | | 4月 | | 9月 | |
|---|---|---|---|---|---|---|---|
| 水质指标 | 单位 | 管网水 | 二次供水 | 管网水 | 二次供水 | 管网水 | 二次供水 |
| 耗氧量（$COD_{Mn}$法，以$O_2$计） | mg/L | 1.5 | 1.5 | 1.5 | 1.5 | 1.4 | 1.1 |
| 亚硝酸盐氮 | mg/L | 0.003 | 0.031 | 0.003 | 0.031 | 0.013 | 0.006 |
| 镉 | mg/L | <0.00005 | 0.00011 | 0.00024 | 0.00015 | 0.00008 | 0.0001 |
| 汞 | mg/L | 0.00005 | 0.00004 | 0.00007 | 0.00006 | 0.00016 | 0.00012 |
| 硒 | mg/L | <0.0001 | <0.0001 | <0.0001 | <0.0001 | 0.0002 | 0.0002 |
| 铝 | mg/L | <0.01 | <0.01 | 0.06 | 0.07 | 0.09 | 0.06 |
| 铜 | mg/L | 0.001 | 0.002 | 0.001 | 0.001 | 0.001 | 0.002 |
| 锌 | mg/L | <0.01 | <0.01 | <0.01 | <0.01 | <0.01 | <0.01 |
| 氟化物 | mg/L | 0.26 | 0.23 | 0.25 | 0.26 | 0.26 | 0.26 |
| 硫酸盐 | mg/L | 50 | 49 | 49 | 49 | 39 | 38 |
| 溶解性总固体 | mg/L | 227 | 230 | 215 | 220 | 156 | 194 |
| 阴离子合成洗涤剂 | mg/L | 0.07 | 0.08 | 0.09 | 0.08 | 0.07 | 0.07 |
| 三氯甲烷 | mg/L | 0.0097 | 0.0091 | 0.0159 | 0.0127 | 0.0211 | 0.0161 |
| 四氯化碳 | mg/L | 0.00001 | 0.00001 | <0.00001 | <0.00001 | 0.00005 | 0.00002 |
| 一氯二溴甲烷 | mg/L | 0.0028 | 0.00253 | 0.0028 | 0.00253 | 0.00216 | 0.00181 |
| 二氯一溴甲烷 | mg/L | 0.00722 | 0.00671 | 0.00722 | 0.00671 | 0.0075 | 0.00564 |
| 三溴甲烷 | mg/L | <0.00011 | <0.00011 | <0.00011 | <0.00011 | 0.00022 | 0.0002 |
| 三卤甲烷（总量） | | 0.35 | 0.31 | 0.35 | 0.31 | 0.5 | 0.38 |
| 耐热大肠菌群 | CFU/100mL | 未检出 | 未检出 | 未检出 | 未检出 | 未检出 | 未检出 |
| 大肠埃希氏菌 | CFU/100mL | 未检出 | 未检出 | 未检出 | 未检出 | 未检出 | 未检出 |

**表6-7 华二小区二次供水及其对应管网水9项检测数据汇总**

| 9项检测指标 | | 3月 | | 5月 | | 6月 | |
|---|---|---|---|---|---|---|---|
| 水质指标 | 单位 | 管网水 | 二次供水 | 管网水 | 二次供水 | 管网水 | 二次供水 |
| 总大肠菌群 | CFU/100mL | 0 | 0 | 0 | 0 | 0 | 0 |
| 菌落总数 | CFU/mL | 0 | 0 | 0 | 0 | 0 | 3 |
| 色度 | 铂钴色度单位 | <5 | <5 | 5 | 5 | <5 | <5 |
| 浊度 | NTU | 0.12 | 0.14 | 0.09 | 0.11 | 0.12 | 0.14 |
| 臭和味 | | 无 | 无 | 无 | 无 | 无 | 无 |
| 肉眼可见物 | | 无 | 无 | 无 | 无 | 无 | 无 |

续表 6-7

| 9项检测指标 | | 3月 | | 5月 | | 6月 | |
|---|---|---|---|---|---|---|---|
| 水质指标 | 单位 | 管网水 | 二次供水 | 管网水 | 二次供水 | 管网水 | 二次供水 |
| pH 值 | | 8.1 | 8.1 | 7.7 | 7.7 | 7.6 | 7.7 |
| 一氯胺（总氯） | mg/L | 0.87 | 0.3 | 0.77 | 0.09 | 0.4 | 0.07 |
| 亚硝酸盐（以 N 计） | mg/L | 0.004 | 0.045 | 0.01 | 0.074 | 0.011 | 0.045 |

### 6.2.2 二次供水设施管理方案

#### 6.2.2.1 上海市二次供水设施改造和接管要求

2016 年上海市供水调度监测中心编制了《二次供水水质检测管理导则（试行）》，该导则较好地指导了各行政区开展二次供水设施水质管理工作，即通过企业自检和政府监测，构建二次供水水质监测体系框架，使居民住宅饮用水质与出厂水水质基本保持同一水平。以下将从各部门管理职责、检测信息公开、企业自检要求、指标和频率、政府监管指标和频率、水样采集方式等方面，对如何构建二次供水设施管理方案进行详细阐述。

#### 6.2.2.2 二次供水设施管理单位职责

（1）市卫生计生委。市卫生计生委负责组织对二次供水设施管理单位的卫生监督检查，定期对二次供水水质状况进行抽检，确保居民用水安全。

（2）市水务局。负责城市供水水质的监督管理，通过建立和完善二次供水水质监管体系，加强水质监测。

（3）市供水企业。负责管水到表后，合理设置服务站点。各服务站点要与各供水企业服务中心联网，形成覆盖中心城区的二次供水设施管理服务网络，24 小时全天候受理供水用水问题。在小区街坊管道、水箱和水池增设检测点，定期公布水质情况，实施专业化管理，不断提升服务水平。

#### 6.2.2.3 二次供水设施改造和接管进度

（1）设施改造数量。根据《上海市生活饮用水监督白皮书（2015 年度）》统计，上海市使用二次供水的居民住宅小区共有 7033 个，二次供水设施 121632 个，二次供水设施管理单位 1730 个。

（2）设施接管进度。上海城投水务集团从 2014 年起陆续接管各小区的二次供水设施，并承担小区二次供水设施设备维护工作，逐步开始管水到表。

#### 6.2.2.4 二次供水企业自检方案构建

上海市水务局和城投水务集团完成上海市二次供水设施的接管与改造工作后，按规定还需遵照一定方案进行二次供水的水质检测，以确保供水水质符合国家标准，并保障居民饮用水安全。

经上海市供水调度监测中心与市卫计委、城投水务集团多次协商研究，依据上海现行二次供水地方标准要求，以《上海市生活饮用水监督白皮书（2015年度）》的统计数据为基数，提出以下方案以探索出一个实际操作性强、水质采样点代表性广，且最符合上海市地方标准的二次供水企业自检方案。建立的水质监管方案也可作为上海市或其他省份二次供水企业实施自检工作的参考依据。

A　清洗和消毒检测方案

参照上海市地方标准《生活饮用水卫生管理规范》（DB31/T 804—2014）（见附录3）中7.2节规定：每半年对二次供水设施清洗并现场检测两项（浑浊度、余氯），送检6项，包括浑浊度、色度、余氯、pH值、菌落总数、总大肠菌群，提出三个方案。

a　方案一

严格按照地方标准执行，清洗消毒后现场检测2项，所有样品采集后送检6项指标，得到上海市二次供水设施数量及实际工作时间，见表6-8。

表6-8　方案一的二次供水设施数量及实际工作时间

| 水箱数/万个 | 年检测数/次 | 样品数/万个 | 工作时间/天 | 日取、检样数/个 |
|---|---|---|---|---|
| 12 | 2 | 24 | 180 | 1333 |

由表6-8可知，上海市约有水箱数12万个，按一年清洗两次计样品数约24万个，考虑到早高峰和晚高峰不清洗水箱，一年平均180天进行消毒检测工作，平均日取、送检1333个样品。

b　方案二

清洗消毒后，现场检测两项指标，合格后按所在小区二次供水设施数10%的样品量（小区不足10个设施、采一个样）采集送检6项指标，得上海市二次供水设施数量及实际工作时间，见表6-9。

表6-9　方案二的二次供水设施数量及实际工作时间

| 水箱数/万个 | 年检测数/次 | 样品数/万个 | 工作时间/天 | 日取、检样数/个 |
|---|---|---|---|---|
| 12 | 2 | 2.4 | 180 | 133 |

由表6-9可知，上海市统计水箱数约12万个，按一年两次清洗后取10%样品量送检计算，样品数约2.4万个，考虑到早高峰和晚高峰不清洗水箱，一年平均180天进行清洗检测工作，平均日取、送检133个样品。

c　方案三

清洗消毒后，现场检测两项指标，合格后按所在小区二次供水设施数15%的样品量（小区不足6个设施、采一个样）采集自检6项指标，得上海市二次供水设施数量及实际工作时间，见表6-10。

**表 6-10  方案三的二次供水设施数量及实际工作时间**

| 水箱数/万个 | 年检测数/次 | 样品数/万个 | 工作时间/天 | 日取、检样数/个 |
|:---:|:---:|:---:|:---:|:---:|
| 12 | 2 | 3.6 | 180 | 200 |

由表 6-10 可知，上海市统计水箱数约 12 万个，按一年两次清洗后取 15%样品量抽检计算，样品数约 3.6 万个，考虑到早高峰和晚高峰不清洗水箱，一年平均 180 天进行清洗检测工作，平均日取、自检 200 个样品。

将上述三个方案的优缺点进行归纳，结果见表 6-11。

**表 6-11  清洗消毒检测方案对比表**

| 项目 | 优　点 | 缺　点 |
|:---:|:---:|:---:|
| 方案一 | 完全符合标准要求 | 日取、检样数 1333 个，实际操作困难 |
| 方案二 | 日取、检样数 133 个，可操作性强 | 抽样比例较低，不能完全符合标准要求 |
| 方案三 | 送检改为自检，保证了数据的准确性和及时性 | 日取、检样数 200 个，可操作性一般 |

B　日常水质检测方案

参照上海市地方标准《生活饮用水卫生管理规范》（DB31/T 804—2014）（附录 3）中 7.1 节规定，"每季度对二次供水设施水质检测一次，检测指标为 4 项（浊度、余氯、菌落总数、总大肠菌群）"，提出以下四个方案。

a　方案一

严格按照要求每季度对所有二次供水设施取样检测 4 项指标，结合上海市二次供水设施数量及实际工作时间进行计算结果，见表 6-12。

**表 6-12  方案三的二次供水设施数量及实际工作时间**

| 水箱数/万个 | 年检测数/次 | 样品数/万个 | 工作时间/天 | 日取、检样数/个 |
|:---:|:---:|:---:|:---:|:---:|
| 12 | 4 | 48 | 200 | 2400 |

由表 6-12 可知，上海市约有水箱数 12 万个，每季度对二次供水设施检测一次，一年 4 次，样品数约 48 万个，按一年 200 个工作日计算，平均日取、检测 2400 个样品。

b　方案二

《城市供水水质标准》中关于管网水采样点的设置要求为：按每 2 万人设置一个管网水采样点。本方案在该标准的基础上进一步严格要求：按上海市中心城区二次供水人口每 1 万人设一个采样点，每季度取样检测 4 项指标。结合上海市中心城区人口数量及实际工作时间进行计算结果，见表 6-13。

表 6-13　方案三的二次供水设施数量及实际工作时间

| 人口数/万个 | 年检测数/次 | 样品数/个 | 工作时间/天 | 日取、检样数/个 |
|---|---|---|---|---|
| 1000 | 4 | 4000 | 200 | 20 |

　　由表 6-13 可知，在上海市中心城区供水人口约 1000 万条件下，按每 1 万人一个采样点计算应设立约 1000 个采样点，一年 4 次取样检测，样品约 4000 个，按一年 200 个工作日计算，平均日取、检测 20 个样品。

　　c　方案三

　　综合考虑水质采样点各小区的代表性及覆盖程度，按使用二次供水居民住宅小区的数量，每个小区设置一个二次供水水质采样点（对居住人口规模小于 3000 人的小区，可适当合并），每季度取样检测 4 项指标。结合上海市二次供水住宅小区数量及实际工作时间进行计算，结果见表 6-14。

表 6-14　方案三的二次供水设施数量及实际工作时间

| 小区数/个 | 年检测数/次 | 样品数/万个 | 工作时间/天 | 日取、检样数/个 |
|---|---|---|---|---|
| 7000 | 4 | 2.8 | 200 | 140 |

　　由表 6-14 可知，上海市使用二次供水居民住宅小区数量约为 7000 个，按每个小区设立一个监测点，一年 4 次取样检测，样品约为 2.8 万个，按一年 200 个工作日计算，平均日取、检测 140 个样品。

　　d　方案四

　　按所在小区二次供水设施数 10% 的样品量（小区不足 10 个设施采一个样）设置采样点。每季度取样检测 4 项指标。结合上海市二次供水设施数量及实际工作时间进行计算，结果见表 6-15。

表 6-15　方案三的二次供水设施数量及实际工作时间

| 水箱数/万个 | 年检测数/次 | 样品数/万个 | 工作时间/天 | 日取、检样数/个 |
|---|---|---|---|---|
| 12 | 4 | 4.8 | 200 | 240 |

　　由表 6-15 可知，上海市约有水箱水池 12 万个，按 10% 二次供水设施（小区不足 10 个设施采一个样）设置采样点，一年 4 次取样检测，样品共计 4.8 万个，按按一年 200 个工作日计算，平均日取样检测 240 个样品。

　　对上述四个方案的优缺点进行归纳总结，结果见表 6-16。

表 6-16　日常水质检测方案对比表

| 项目 | 优点 | 缺点 |
|---|---|---|
| 方案一 | 全面覆盖，严格执行 | 日取、检样数 2400 个，实际操作困难 |

| 项目 | 优 点 | 缺 点 |
|------|-------|-------|
| 方案二 | 水样检测数少，操作简单 | 代表性不足，不能覆盖所有小区 |
| 方案三 | 覆盖所有小区，有一定代表性 | 日取、检样数 140 个，可操作性一般 |
| 方案四 | 覆盖所有小区，二次供水设施抽样代表性较高 | 日取、检样数 240 个，实际可操作性较差 |

C 评估各组方案

分析以上各组方案的优缺点如下。

a 清洗和消毒检测方案

方案一：检测任务过重，实际可操作性低，不予采用。

方案二：采样检测量较符合实际工作能力，但其抽样率和覆盖率较低，不能完全符合标准要求。此外，目前二次供水设施由各小区物业管理，而其中大部分不具备水质检测能力，因此往往寻求外包送检。但第三方检测机构的检测能力良莠不齐，常常不能保证水质检测数据的准确性和及时性，监督检查也常常难以覆盖，因此该方案不予采用。

方案三：在方案二的基础上进一步严格要求，抽样比例增加的同时，将送检 6 项改为取样自检 6 项。对此城投水务集团在接管后拟统一建立实验室，对二次供水水质进行抽查检测。作为本市的供水企业，城投水务集团负责上海市管网水水质的检测，而小区二次供水必然流经管道，由供水企业集中抽查，不仅能够提高检测数据的准确性和及时性，也能更合理地评价管网水和二次供水水质变化程度，有利于对水质进一步的管理。因此该方案较适合供水企业组织开展。

b 日常水质检测方案

方案一与方案四：检测任务过重，不符合实际可操作性，不予采用。

方案二：采样检测量较为符合实际操作性，但其依据不足，且按人数设置采样点不能有效反映各小区的二次供水水质，即部分小区可能没有采样点设立，不便于二次供水水质信息公开，因此该方案不予采用。

方案三：该方案以二次供水居民住宅小区为单位，原则上每一小区设置一个固定采样点（对居住人口规模小于 3000 人的小区可适当合并），总计约 7000 个点，设点覆盖面广，水质具有一定代表性，能满足整体检测需要，且易于接管后在各区域的水质信息公开。因此建议采纳该方案。

综合上述采用的两个方案分析可知，上海市供水企业拟定日均取、检测样约为 340 个。然而，该数量实际可操作性一般，深入研究发现，7000 个小区采样点的水质数据可用半年清洗检测数据代替，即将日常水质检测的频率修改为一年两次，另外的两次检测通过清洗消毒完成。这样既可保证每个小区水质的检测覆盖率，满足二次供水水质的检测需求，同时也符合市供水企业实际的检测能力。

D 拟定二次供水企业自检方案

(1) 清洗消毒检测方案拟定：每年两次对二次供水设施进行清洗和消毒，现场检测浊度、消毒剂余量两项指标。经检验合格后，按小区二次供水设施数的15%设置样点，抽样自检6项指标（浊度、色度、消毒剂余量、pH值、菌落总数和总大肠菌群）。当小区二次供水设施不足6个时，采一个水样。

因此，上海市约有二次供水设施12万个，按一年两次清洗后取15%样品量抽检计算，样品数约为3.6万个，考虑到早高峰和晚高峰不清洗水箱，一年平均180天进行清洗监测工作，平均日取样检测200个。

(2) 日常水质检测方案拟定：按上海市使用二次供水居民住宅小区的数量，每个小区设置一个二次供水水质采样点，每年两次取样检测，检测指标为浑浊度、消毒剂余量、菌落总数和总大肠菌群。

上海市二次供水住宅小区数约计7000个，计算应设立约7000个采样点，一年两次取样检测，共计样品14000个，按一年200个工作日计算，日均取样检测70个样品。

(3) 水质检测不合格的二次供水设施，应重新清洗消毒直至检测合格。

综上所述，供水企业日取、检测样品数确定为270个。

6.2.2.5 日常水质采样点设置方式

采样点原则上优先选择在3000人以上小区进行设置，每个小区设置1个采样点；对于3000人以下的小区，结合接管小区供水方式统计情况，对使用二次供水方式的用户人数进行合并，按照每3000人设置1个采样点。

采样点原则上设置在小区水箱或蓄水设施后；对直供水小区不设专门的二次供水采样点，由管网采样点代替；对小区无水池或屋顶进行过平改坡改造的，可根据水箱取样的可操作性进行设置。

此外，严格按照《生活饮用水卫生管理规范》中一年两次对二次供水设施进行清洗消毒并现场检测两项指标的要求，在保证水样代表性（每个小区至少一个采样点）的基础上，采用水质抽样自检6项替代采集送检6项，全面保证水质检测数据的准确性和可靠性。同时，日常水质检测时采用设置监测点抽样的方式，按使用二次供水居民住宅小区的数量，每个小区设置一个二次供水水质采样点，并结合实际小区人数分类设置采样点，保证二次供水水质监测点的覆盖率，也满足了二次供水水质检测需求，为接管后水质信息公开打下基础。

6.2.2.6 二次供水政府监测方案

A 制定政府监测方案

为加强政府行业监管，市供水调度监测中心在企业二次供水自检方案的基础上，拟每年对市供水企业日常检测样品的总量按20%比例进行抽样，检测指标为浊度、色度、消毒剂余量、pH值、菌落总数和总大肠菌群；同时若企业检测水质指标不合格，将对其进行采样复测。具体方案见表6-17。

表 6-17  政府监管方案

| 采样点数/个 | 检测样品总量/个 | 监测样品数/个 | 工作时间/天 | 日取、检样数/个 |
|---|---|---|---|---|
| 7000 | 14000 | 2800 | 200 | 14 |

市供水企业设立采样点约计 7000 个，一年检测两次，检测样品总量约为 14000 个，市供水调度监测中心按检测总量的 20% 进行抽样监测，共计样品数为 2800 个，按一年 200 个工作日计算，日均取样检测 14 个样品。

B  方案特点

每日取、检样数为 14 个，满足二次供水水质监测需求；同时每日二次供水抽样监测可与市供水调度监测中心每日管网水采样监测对应，在不增加采样员工作强度的同时，还能有效掌握管网水与二次供水水质的变化情况。

6.2.2.7  水样采集的要求

根据《生活饮用水卫生标准》，并结合二次供水实际情况，对市供水企业自检和政府监测过程中涉及水样采集的操作作出具体要求。

A  采样容器

应根据待测组分特性选择合适的采样器，容器的材质应化学稳定性强，且不应与水样中组分发生反应，容器壁不应吸收或吸附待测组分。采样容器应可适应环境温度变化，抗震性能强。采样容器的大小、形状和重量应适宜，能严密封口，并容易打开，且易清洗。对微生物指标测定水样应使用玻璃材质的采样容器，并且需要能耐高温（160℃）材质。

B  采样容器的洗涤

a  一般理化指标采样容器的洗涤

容器用水和洗涤剂清洗，除去灰尘、污垢后用自来水冲洗干净，然后用质量分数为 10% 的硝酸（或盐酸）浸泡 8h，取出沥干后用自来水冲洗 3 次，并用蒸馏水充分淋洗干净。

b  微生物指标采样容器的洗涤和灭菌

容器用自来水和洗涤剂洗涤，并用自来水彻底冲洗后用质量分数为 10% 的盐酸溶液浸泡过夜，然后依次用自来水、蒸馏水洗净。灭菌可采用干热灭菌或者高压灭菌。干热灭菌要求 160℃ 下维持 2h，高压灭菌要求 121℃ 下维持 15min。灭菌前可在采样瓶内加入 0.5mL 质量分数为 5% 的硫代硫酸钠溶液（用来去除水样中的残留余氯），灭菌后的容器应在 2 周内使用。

C  水样采集

（1）理化指标。采样前应先用水样荡洗采样器、容器和塞子 2~3 次。

（2）微生物指标。同一水源、同一时间采集几类检测指标的水样时，应先采集供微生物学指标检测的水样，采集时应直接采集，不得用水样涮洗已灭菌的采样瓶，并避免手指和其他物品对瓶口的沾污。

D 采样体积

根据测定指标、测定方法、平行样检测所需样品量等情况计算并确定采样体积。测试指标不同、测试方法不同，保存方法也就不同，样品采集时应分类采集。

E 水样采集的质量控制

水样采集的质量控制的目的是检验采样过程质量，是防止样品采集过程中水样受到污染或发生变质的措施。

（1）现场空白。现场空白是指在采样现场以纯水作样品，按照测定项目的采样方法和要求，与样品相同条件下装瓶、保存、运输，直至送交实验室分析。通过将现场空白与实验室内空白测定结果相对照，掌握采样过程中操作步骤和环境条件对样品质量的影响的状况。现场空白所用的纯水要用洁净的专用容器由采样人员带到采样现场，运输过程中应注意防止污染。

（2）现场平行样。现场平行样是指在同等采样条件下，采集平行双样运送实验室分析，测定结果可反映采样与实验室测定的精密度。当实验室精密度受控时，主要反映采样过程的精密度变化状况。现场平行样要注意控制采样操作规程和条件的一致。对水质中非均相物质或分布不均匀的污染物，在样品灌装时摇动采样器，使样品保持均匀。现场平行样占样品总量的10%以上，一般每批样品至少采集两组平行样。

6.2.2.8 水样管理、保存和运输的要求

根据《生活饮用水卫生标准》，结合二次供水实际情况，对市供水企业自检和政府监测过程中涉及水样管理、保存和运输的操作作出相关规定：

（1）水样管理。除用于现场测定的样品外，大部分水样都需要运回实验室进行分析。在水样运输和实验室管理过程中应保证其性质稳定、完整、不受沾污、损坏和丢失。现场测试的样品应严格记录现场检测结果并妥善保管。带回实验室测试的样品应认真填写采样记录，注明水样编号、采样者、日期、时间、地点及环境温度等相关信息。

（2）水样保存。应根据测定指标选择适宜的保存方法，主要有冷藏、加入保存剂等。水样在4℃冷藏保存，储存于暗处。保存剂不能干扰待测物的测定，不能影响待测物的浓度。保存剂可预先加入采样容器中，也可以在采样后立即加入。易变质的保存剂不可预先添加。

（3）水样运输。水样采集后应立即送回实验室，根据采样点的地理位置和各项目的最长可保存时间选用适当的运输方式，在现场采样工作开始之前就应安排好运输工作，以防延误。样品运输前应逐一与样品登记表、样品标签和采样记

录进行核对,核对无误后分类装箱。需要冷藏的样品,应配备专门的隔热容器,并放入制冷剂。冬季应采取保温措施,以防样品瓶冻裂。为防止样品在运输过程中因震动、碰撞而导致损失或污染,最好将样品装箱运输。装运用的箱和盖都需要用泡沫塑料或瓦楞纸板作衬里或隔板,并使箱盖适度压住样品瓶。

### 6.2.2.9 水质指标检测方法

根据《生活饮用水卫生标准》,结合二次供水实际情况,对市供水企业自检和政府监测过程中涉及水质指标检测的方法作出具体解释。

### 6.2.2.10 数据统计判断方法

根据《生活饮用水卫生标准》,结合二次供水实际情况,对市供水企业自检和政府监测过程中涉及数据统计和判断的方法作出具体解释。

### 6.2.2.11 检测报告要求

根据《生活饮用水卫生标准》,结合二次供水实际情况,对市供水企业自检和政府监测过程中涉及检测报告的要求作出相关规定如下:水质检测情况报告的形式、内容应符合要求,既能充分满足二次供水检测要求,又能客观反映实验室检测的水平;检测报告均应准确、清晰、明确、客观地反映检测的数据结果,同时应符合检测方法中能力范围的规定;检测报告应使用法定计量单位,有足够的内容与适当的形式,其设计应满足充分、易读、简洁的要求。

### 6.2.2.12 数据报送与共享

市属供水企业应将二次供水设施清洗及水质检测情况定期报送市水务局,抄送市卫计委;同时市水务局将二次供水监测情况与市卫计委共享。

### 6.2.2.13 二次供水水质采样及项目检测资金核算

根据市供水企业提供的检测收费标准,二次供水水质采样及项目检测所需的费用见表 6-18。

**表 6-18 二次供水水质项目检测费用** (元/个)

| 浑浊度 | 色度 | 消毒剂余量 | pH 值 | 总大肠菌群 | 菌落总数 | 采样费 |
|---|---|---|---|---|---|---|
| 50 | 50 | 50 | 50 | 100 | 100 | 100 |

根据表 6-18 可研究得出供水企业自检方案费用,二次供水设施接管和改造后,每年所需的检测费用计算如下:

$$S_1 = (50 + 50 + 50 + 50 + 100 + 100 + 100) \times 3.6 \, 万元 = 2100 \, 万元$$

$$S_2 = (50 + 50 + 100 + 100 + 100) \times 1.4 \, 万元 = 560 \, 万元$$

$$S = S_1 + S_2 = 2100 + 560 = 2660 \, 万元$$

式中 $S_1$——清洗消毒后检测每年所需的费用,元;

$S_2$——日常水质检测每年所需的费用,元;

$S$——市供水企业二次供水自检每年所需费用总和,元。

根据 2015 年水务统计报告中显示，上海市居民生活用水量约为 9.88 亿立方米。通过计算可得，二次供水设施接管后，平均每供应 1 立方米居民用水将增加成本约 0.03 元。计算过程如下：

$$\frac{2660 \text{ 万元}}{9.88 \text{ 亿立方米}} = 0.027 \text{ 元}/\text{m}^3$$

# 6.3 二次供水设施监管信息化平台构建

通过分析供水区域内二次供水设施、年限、材料等基础资料，并比较管网末梢和水质中微生物安全性，能够深入了解影响二次供水系统中微生物分布的关键要素及响应特征，以构建二次供水精细化平台，为后续高品质饮用水小区的建立提供数据支撑。

## 6.3.1 信息化平台概述

基于信息技术的二次供水设施精细化管理是目前应对二次供水设施存在的各种问题的一种有效工具。随着二次供水设施逐年增多，亟需建设一种智能化综合管理平台，对二次供水设施进行及时维护、保养和管理，对水质、水压和设备运行异常情况及时预警，保障居民用水安全。因此，二次供水设施的精细化平台建设和管理是现代供水企业关注的热点问题。

二次供水设施监管信息化平台综合利用数据管理和地理信息、通信及计算机网络技术等专业技术和手段，依次通过数据采集层、网络传输层、数据处理层、业务应用层和应用交互层，实现二次供水设施基础信息和二次供水设施数据的综合管理，最终达到系统化管理、自动化控制、科学化决策、网络化办事、规范化服务。二次供水设施监管信息化平台架构如图 6-17 所示。该系统软件设计采用 B/S 结构的人机交互方式，服务器操作系统采用 Windows Server 2008 R2，使用 SQL Server 2008 R2 作为后台数据库。系统建立在 J2EE 框架之上，完全符合 J2EE 的多层体系架构，由一组相互协作的组件组成，其设计符合 MVC Model Ⅱ 的设计模型，紧密结合当前最新的软件设计思路，重点突出系统的灵活性、复用性和可维护性，为系统的方便、稳定、实用、安全提供了强有力的支撑。此外，相较于 C/S 架构而言，B/S 架构显得更轻巧，更接近于信息化平台的本质，经过多年发展，已趋于稳定。

## 6.3.2 信息化平台功能模块

### 6.3.2.1 实时监测管理模块

实时监测管理模块主要功能是对二次供水设施的水质数据进行实时监测，监测的水质指标包括浊度、余氯、pH 值、温度等；实时监测管理模块还可实现对

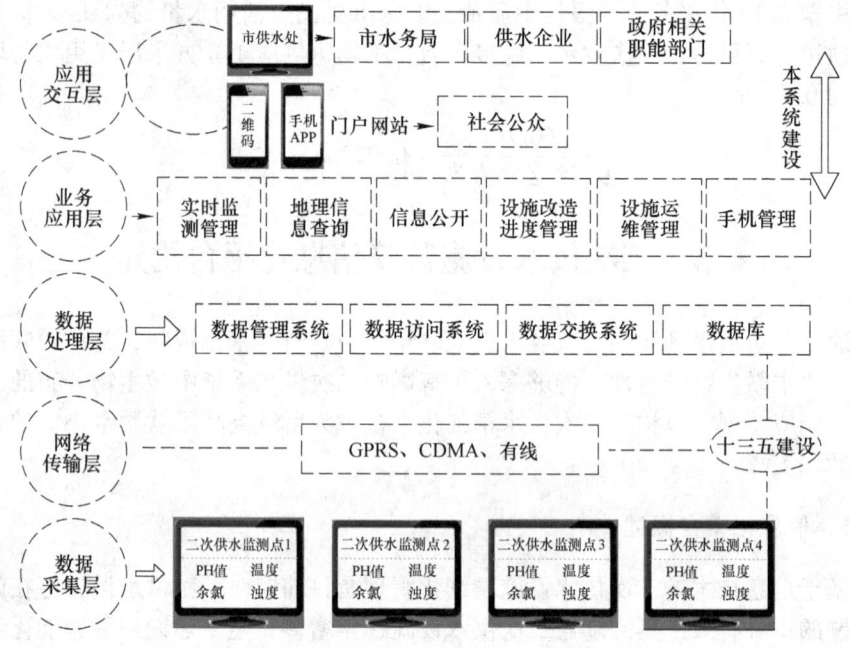

图 6-17 二次供水设施监管信息化平台架构

所有二次供水水质监测点的信息采集、分析、监管、存储、统计，让管理层能直接看到监测点的现场水质情况；同时该模块还提供了多种数据接口，以便于水务局及相关管理部门进行数据交换和共享。实时监控管理模块的基本工作流程如下所示：

（1）采集二次供水的水质数据；

（2）存储水质数据到历史数据库；

（3）显示二次供水的水质数据，并定时对数据进行动态刷新；

（4）利用曲线或其他效果动态显示数据变化；

（5）快速检索小区泵房信息。

实时监测管理模块主要功能包括数据采集、数据存储、数据查看、历史趋势、数据接口等。实时监测系统水质的基本数据信息如图 6-18 所示。

图 6-19 所示为实施监测管理模块的小区地图定位信息，选择的定位会在地图上显示为圆圈，点击后会显示当前监测点最新的水质信息。

### 6.3.2.2 信息公开模块

信息公开模块主要分为两个部分，即前台和后台，前台主要用于显示供水处新闻、通知、政策法规、党务公开等信息；后台部分主要是上海市居民二次供水设施信息监管系统的用户管理模块以及小区信息管理、新闻通知管理以及管理员对新闻通知的审批等操作，如图 6-20 所示。

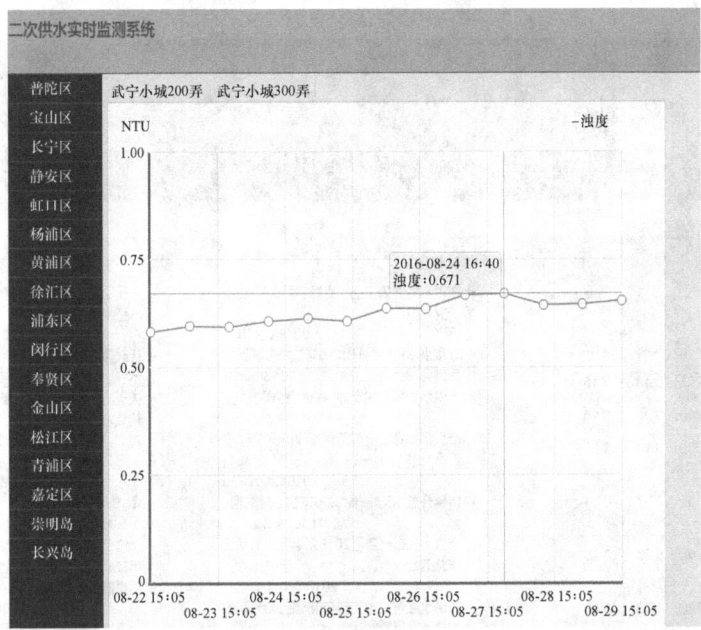

图6-18 二次供水设施实时监测的基本数据信息

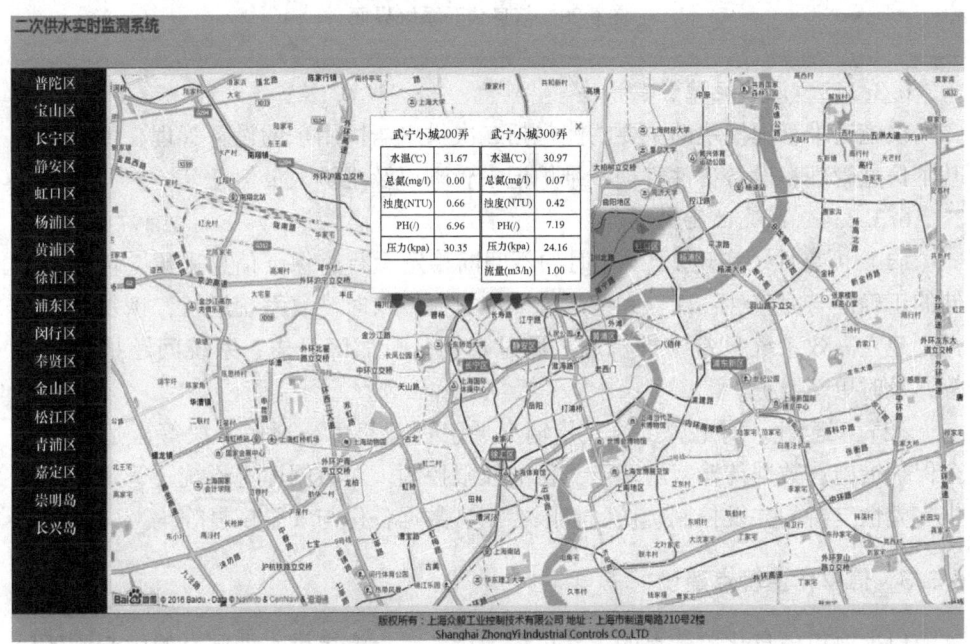

图6-19 实施监测管理模块的小区地图定位的信息

| 站名 | 时间 | 总氯(mg/l) | 浊度(NTU) |
|------|------|-----------|-----------|
| 梅六小区 | 12月20日 | 0.46 | 0.07 |
| 合阳小区 | 12月20日 | 0.13 | 0.15 |
| 怒江新苑 | 12月20日 | 0.20 | 0.18 |
| 武宁小城200弄 | 12月20日 | 0.14 | 0.58 |
| 武宁小城300弄 | 12月20日 | 0.17 | 0.34 |
| 清涧新村八小区 | 12月20日 | 0.33 | 0.26 |
| 真光新村第八小区 | 12月20日 | 0.16 | 0.43 |
| 世纪之门 | 12月20日 | 0.32 | 0.75 |

**新闻** 更多▼
- 市供水处党委中心组专题学习《中国共产党问责条例》 2016/08/10
- 本市供水行业召开2016年二季度郊区水质例会 2016/08/10
- 市供水处第二党支部组织专题学习会 2016/08/04
- 市供水处党委所属各党支部组织学习习近平总书记"七一讲话" 2016/08/02
- 持续开展"两学一做",不忘初心扶贫帮困 2016/08/02
- 市供水处召开各区2016年半年度节水工作总结会议 2016/08/01
- 市供水处第二党支部与崇明自来水公司党总支开展联学活动 2016/07/25
- 本市召开二次供水设施接管工作推进

**通知** 更多▼
- 关于命名上海市节约用水示范小区、节水型小区的通知 2016/08/05
- 行政事业性收费公示 2016/08/05
- 关于发布2016年度上海市水平衡测试机构能力评价结果的通知 2016/08/05
- 上海市人民政府关于发布《上海市原水引水管渠保护办法》的通知(沪府发【1995】2号) 2016/05/05
- 上海市人民政府办公厅关于印发2016年市政府要完成的与人民生活密切相关的实事的通知 2016/01/23
- 上海市人民政府办公厅印发关于加强本市地下管线建设实施意见的通知 2015/12/19

图6-20   信息公开系统界面

#### 6.3.2.3   设施运维管理模块

设施运维管理模块的主要功能包括二次供水居民用水的设备管理、供应商的基本信息管理、设备备件管理、维护记录管理以及维护人员信息等。

#### 6.3.2.4   系统性能实现

(1) 可靠性。实现7×24小时的不间断稳定运行,保证信息采集、传输、存储的正确性与完整性;建立系统故障响应机制,及时恢复系统运行,恢复系统数据;建立高效系统日常维护机制,通过定期分析故障日志、系统问题报告记录等,及时更新维护。

(2) 安全性。对电源供给、传输介质、物理路由、通信手段等有适当的安全保护措施;数据传输实施基于身份的权限控制。对数据库进行统一管理,并提供完整性支持的并发控制、访问权限控制、数据备份与安全恢复等。

### 6.3.3   信息化监管点建设

以上海市信息化监管点的建立过程为例,对上海市供水处原有的中心城区居民住宅二次供水设施信息监管系统进行应用整合与功能扩展,并在此基础上,结合西南五区新建的在线监测点,累计集成145个水质在线监测点,监测指标采用浊度和余氯。此外，为了能更好地指导二次供水设施监管点建设，及时准确找出二次供水设施中存在的问题。

### 6.3.4 大数据模型构建

#### 6.3.4.1 数据采集

水质检测与评价时，主要从3个方面获取数据：一是通过人工方式采集数据，人工定点对水质监测区域进行取样，获取相关水质信息，并对水域周围的环境状况进行问卷调查，勘测水域周边地貌状况；二是采用在线监测传感器现场实时采集水质数据；三是通过网络搜寻水域属地数据信息。对水质进行实时动态检测，不但要采集水质相关特征数据，还要获取周边环境、排污状况、区域水源、地形地貌等信息数据。由于数据类型的多样性，需要配以多样化的存储方式，需要进行整理与归类，量化统一后再标准化存储。

#### 6.3.4.2 水质监测评价模型的构建

构建数学模型是进行水质监测综合评价预警的关键。随着数学理论与水资源监测管理技术的不断融合，计算机技术的飞速发展，使得诸多数学模型与数学方法在实际中的应用更加广泛；由于水体本身的多元特性，而且相当复杂，有众多因素会对水质产生影响，没有统一可寻的规律性，这些因素共同作用，使得对水质监测的风险评价充满了模糊性。因此，在水质监测评价中缺乏被广泛接受与使用的方法，对水质监测中的水环境风险综合评价预警模型的构建，一直处于不断开发与改进中。

数据平台实施水质监测与异常捕获。水质监测数据平台能够远程监控水质监测数据，实时动态分析水质数据，捕获异常情况。数据平台的告警子系统通过智能计算水质数据，可准确判断异常状况，捕获异常并推送告警信息到监测终端。以温控测量为例监测指标，当测量温度监测为非法值时，监测平台显示异常结果，其中的详细信息包括仪表类型、非法数值等。对监测异常结果以关注后推送的方式进行实时提醒；依据异常告警次数，对站点进行告警排行，以数据报告的形式将特定固定时段的告警次数提供给管理者，以便采取适当的处理措施。

#### 6.3.4.3 基于大数据的水质监测设计

基于大数据的水质监测技术在信息与计算机以及传统水质监测技术等基础上，不断积累发展，满足水质监测的信息化与智能化需求，是水质监测与新兴技术相结合的产物。基于大数据的水质监测综合利用了大数据与云计算技术，在水质监测中，采集到海量数据后，运用云计算技术的分布式存储与并行计算，满足水质监测大数据的计算与存储需求。

大数据技术针对数据量大，具有实时性、动态性的数据，利用新的模型与系统工具数据挖掘，获取信息并应用。大数据技术以云计算数据处理和分布式存储为基础。大数据水质监测的发展，是云计算技术在水质监测中的高级实现。基于大数据的水质监测设计，可划分为 4 个层次：基础差、数据层、中间层和表现层。其中，基础层主要部署了相关的水质数据采集设备，包括水质数据传感器、在线监测仪、定点监测仪等水质数据采集设备；数据层用于存储水质等相关数据信息，部署了基础数据库和水质数据库；中间层主要从数据层的数据库中获取相关数据，完成水质数据获取与数值数据监测等数据挖掘服务，并做好数据管理工作，如水质数据管理、后台管理、图表统计等；表现层主要提供水质控制目标、地图显示以及水质监测状态等。

综上所述，二次供水水质监管信息化平台包括实时监测系统、信息公开系统、设施进度/运维管理系统，综合利用数据管理和地理信息、通信及计算机网络技术等专业技术和手段，建立二次供水设施信息监管系统综合数据库和管理信息系统，可以实现水质监测、水质预警、自动进行数据汇总和统计等功能。通过水质实时分析，高效实现水质异常点的定位，并通过 GIS（地理信息）技术地图，查看水质异常点附近的管网、附属设施等信息。将实时数据与分析统计数据结合，并将实时数据显示分类，极大地提高系统的使用便利性和有效性，并且引入实时数据的统计、筛选、分析和预警功能，为应急处置提供决策支持，实现水务行业大数据智慧化应用。

## 术　语

### 6.1　水质监测管理模块

用于对二次供水设施的水质数据进行实时监测的软件，并借助实时监测管理模块，监测水质指标，包括浊度、余氯、pH 值、温度等。

### 6.2　实验室检测

是指通过采样员规范采集和运输水样，然后检测机构实验员使用比色管、浊度仪和自动滴定仪等设备对《生活饮用水卫生管理规范》要求的各项指标（如耗氧量、挥发酚类、总硬度、亚硝酸盐氮、各种消毒副产物和重金属等）进行检测，最终确认二次供水设施水质情况。

### 6.3　现场空白

是指在采样现场以纯水作样品，按照测定项目的采样方法和要求，与样品相同条件下进行装瓶、保存、运输，直至送交实验室分析。

## 参 考 文 献

[1] 上海市水务局《关于加强本市居民住宅二次供水设施运行维护监督管理工作的通知》。沪二次供水办〔2018〕4 号.

［2］上海市水务局．上海市居民住宅二次供水设施改造工程管理办法（试行）［Z］．上海：上海市住房保障和房屋管理局，2014．

［3］黄怡，周文琪，陶诚．城市二次供水系统水质管理模式浅析［J］．净水技术，2012，31（4）：24-26．

［4］顾晨，沈伟忠．推进上海居民住宅二次供水设施管理工作的若干［J］．交通与港航，2008，22（6）：26-28．

# 7 高品质饮用水实施策略及示范工程

## 7.1 实现高品质饮用水措施

自 20 世纪 80 年代起，30 多年间上海经历了供水水源地的建设和完善、水厂供应能力扩建、管网更新改造及二次供水设施改造，上海城市供水安全保障、饮用水水质、服务能力都有了极大的提高，但对标国际最高标准、最好水平及上海建设全球卓越城市的定位还存在着差距。因此，我们需要找问题、补短板、寻突破、求创新，努力打造成为世界一流城市。

根据《上海市城市总体规划（2017—2035 年）》，2035 年上海将建设成为卓越的全球城市、具有世界影响力的社会主义现代化国际大都市，上海将建成"节水优先、安全优质、智慧低碳、服务高效"的供水系统，供水管网漏损率和供水水质达到世界发达国家同期先进水平。为了响应上海市建设全球卓越城市的要求，在民生保障上凸显高品质，上海市决定为市民提供优质公共产品——高品质饮用水。2019 年上海市委市府及供水企业提出了首先创建供水服务示范区，通过示范区的建设探索从水厂至龙头的供水全产业链专业化、精细化、智慧化管控，基于示范区积累的经验与做法，形成可复制、可推广、可借鉴的供水模式，并在全市供水范围内稳步推广。

### 7.1.1 供水工程的建设成效与面临的挑战

#### 7.1.1.1 供水工程的建设成效

截至 2020 年，上海市二次供水设施改造工程已完成，完成上海市水务"十三五"规划指标考核目标 95% 的要求，取得的主要成果如下：

（1）四大水库型水源地——两江并举（长江与黄浦江）的供水战略格局基本成型：原水水质为基本 Ⅲ 类，四大水库规模达 1328 万立方米/日，服务人口 2400 万人；

（2）水厂的集约化供水和深度处理改造工程稳步推进：目前上海市已建成 36 座供水厂，其供水能力达到 1184 万立方米/日，其中，深度处理厂供水能力 446 万立方米/日；

（3）有序推进老旧管网改造，漏损率逐年降低：上海市老旧管网、落后管网改造有序推进，共计改造 9000km 管道；全市现有公共供水管网总长度约 3.8 万千米，中心城区和郊区各约 1.9 万千米，通过建立管网漏损评估方法，将管网漏损率降低至 10.3%；

（4）最后"一公里"——二次供水设施改造完成并逐步接管：在二次供水设施改造方面，水箱水池采用了 PE 内衬、不锈钢水箱等材质，楼宇内供水立管更新改造，老旧水泵更新，用户水表外移等；从 2014 年起，启动二次供水设施接管，将过去的供水设施由房管部门管理模式过渡到由供水企业"管水到表、一管到底"模式，并在 2020 年实现了上海市中心城区二次供水设施的全面接管；同时，还实现二次供水在线监测，推广水质信息公示化。

通过上述建设与改造工程，上海市的饮用水安全保障能力和水质得到了稳步提升。然而，对标国际卓越城市的供水设施，还存在着以下问题。

### 7.1.1.2 供水工程面临的挑战

（1）原水水质差距明显和水源安全能级不足：上海市地处长江和太湖流域下游，河网稠密、水量充沛，但是水质相对较差且不稳定，加之突发性污染事件频发，所以属于典型水质型缺水城市。上海市供水水源存在水质恶化风险，外因是上游区域农业养殖和化工企业污染物排放，造成总氮、总磷和藻类偏高，面临复合臭味及新兴污染物风险；内因是水源地属于浅水型水库，引发藻类臭味和 pH 值升高等，导致水处理工艺叠加、能效降低和消毒副产物复杂。虽然上海市已形成"两江并举"水库型水源格局，但陈行水库和金泽水库的安全保障能级尚显不足，"多水源互补"的战略目标尚未实现，多水源调度体系并不完善，大规模应急调水难以实现，水源地跨区域的污染防控机制和调度体系尚不完善，整体安全保障能级不足。

（2）水厂的集约化供水和深度处理不高：深度处理工艺改造尚未全部完成，截至 2020 年，深度处理制水仅占总制水量的 60% 左右；深度处理工艺与后续输配设施协同性不够。

（3）输配水水质维持能力有待提升：城市供水管网系统总长度达到 3.8 万千米，供水管网庞大、供水管线长、水力停留时间长，且仍存在部分高危管道、材质落后管道；二次供水数量庞大，布局分散、密闭性差、水龄长，而且清洗消毒、运行维护存在盲点和弱点，居民水龙头水质存在超标风险。老旧的二次供水设施管道和水箱现场情况如图 7-1 所示。

## 7.1.2 高品质饮用水目标

高品质饮用水的总体目标是通过专业化、智慧化和精细化管理体系建设，对标国际最高标准、最好水平，并借鉴先进经验，提供给用户高品质饮用水、精准快捷的服务及高级的使用体验，并作为可复制可推广的标杆，达到"智供水、慧

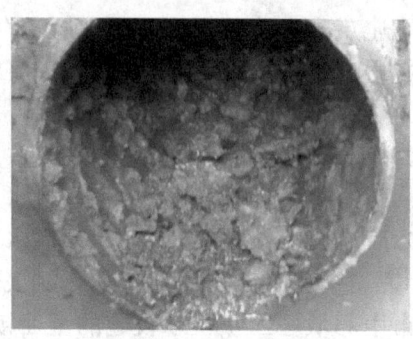

图 7-1 二次供水设施的管道和水箱现场情况

服务、可直饮"的目标。建设上海高品质饮用水的目标涵盖了从源头到龙头供水全链条。

### 7.1.2.1 提升水库生态自净能力

供水水质的优劣很大程度取决于原水的条件。上海市自建成并运行四大水库型水源地以来，已实现"避污蓄清""避咸蓄淡"两大功能。对于近年来凸显的水库富营养化和藻类问题，也已初步找到对策并予以解决；上海四大水库的生态修复功能尚未充分显现，水源地的自净系统尚未建立，水库管理尚有提升空间。建议借助水库水力、水质模型研究，应用水力流态控藻技术（如在水库内设置导流板），辅以生态系统，有助于提升原水水质，减轻后续水厂工艺负担。

### 7.1.2.2 建立水厂智慧化及多级风险屏障

借助计算机技术，建立水厂生产工艺控制模型，提供一套适用于水厂智慧化控制、集中化监控、移动化管控以及大数据分析和科学化决策于一体的智慧水厂整体解决方案，并借助智能诊断、智能预报、智能控制、智能决策系统，为设备故障诊断、生产调配、方案择优、节能降耗等做出决策支持，构建水厂智慧运行、少人值守的生产运营管理模式。在保障给水厂出厂水水质全面符合《生活饮用水水质标准》（GB 5749—2006）标准要求的基础上，还要以二次供水示范区末端龙头水的水质清单反馈来进一步提高出厂水标准和精准度，更高标准地提升出厂水水质。为适应智慧化水厂的运行和工艺改造，可根据智能操作系统调度对出厂水压力和水量连续可控可调的要求，水厂工程师可同时对供水厂的出水泵房连同相关设备进行改造。

此外，针对水库原水季节性藻源嗅味问题，目前上海市供水企业已形成了"库区控制—预处理削减—水厂去除"的多级控制技术体系，现有水厂消毒工艺对于已知的微生物风险控制已取得较为理想的效果。但是考虑今后实施高品质饮用水战略，微生物安全作为水处理环节中最重要的部分，水厂消毒还应当考虑更多可能的微生物泄漏风险问题，如突发的上游水污染风险（2013 年黄浦江上游死猪漂浮事件）、出厂水中少量细微的活性炭粉末可能携带致病微生物风险等。

### 7.1.2.3 供水调度智能化

给水厂通过管网"输配分离、泵阀联动"实现输配调度的切分和联动；通过"以端定源、供需匹配"实现区域内水量的预测和供需平衡调度；通过"精准控压、输送平稳"实现管网压力的稳定和安全；通过"终端推送、智能调度"来实现系统推送、模型验证的智能调度，创建"一厂三站六网+小区"的输配联动调度运行模式，实现从水厂供应、管网输送、泵站增压、小区配送、终端反馈的整体联动，使用户得到压力稳定、水量充足、水质优良的供水服务体验。例如，通过对调度数据分析和算法方程选择确定方程，可建立调度模型用于日常科学调度决策，并与高校团队合作开展前期的数据整理和分析工作，以尽早将取得的初步成果应用在实践中。与此同时还可以开展示范区水力和水质预测模型的建立，在示范区建立 DN100 及以上口径水力模型，将在线水力模型和调度模型联合应用于调度方案的生成、校核验算，为科学调度提供决策，调度方案将虚拟调度员模式通过系统推送到原水、水厂、泵站，未来将连接到管网和用户，逐步改变以往通过人的经验加电话的传统调度模式，转为以系统根据压力数据驱动来生成调度方案，经模型验证后系统推送，执行后反馈评估修正体系，最终逐步实现智能调度。结合管网模型的建设，管网预警、管网优化、水龄控制等功能将同步研发，初步形成基础版的智能调度雏形，使系统推送调度方案采纳率超过80%。此外，结合管网改造工作，将市内二次供水设施逐步接管到位，进一步完善管网压力控制点的布局，使供水调度的范围从输配管网进一步延伸至小区二次供水系统，以提高管网供水水质。

### 7.1.2.4 管网运行预警化

供水服务区预警处置能力的提升建设，将有助于进一步完善高品质饮用水的供水服务质量与管网运行效率。在对供水服务区内水厂、管网、泵站（含二供）风险点排摸的基础上，快速推进风险点隐患整治工作，着重感知、预警能力的建设。在服务区内管网漏损可被主动检测、提前发现影响供水连续性或造成其他社会影响的供水安全隐患问题，避免发生爆管。充分利用物联网技术，实现管网运行风险与管网漏损的快速感知。应用 B-WSN 无线智能监测技术，对供水服务区内搬迁、改造中的临时管道以及周边存在长期开挖作业管段的安全状态开展全过程、全覆盖的动态监测，做好相关风险预警。完成示范区内 DMA、所有贸易水表、市政消火栓实时监测全覆盖；此外，做好对二次供水设施的排摸，并借鉴国外水厂直供经验，对于距离水厂相对较近的生活小区，部分实现水厂直供，或少量使用无负压供水设施；对于有条件的片区，建设集中式二次供水泵站，减少屋顶水箱的使用率；或将有条件的小区二次供水改为直供水，缩短水龄提升管网水质。

### 7.1.2.5 水质保障终端化

按照高品质饮用水标准，即上海市《生活饮用水水质标准》（DB31/T

1091—2018），建立以龙头水水质标准为参考依据的龙头水、管网水、出厂水、原水四张水质控制目标清单，在上海市地标和非国控指标中选取能够代表"可直饮"的关键指标，制定更高标准的限值和合格比率，作为供水服务区水质控制标准，建立完善的从源头到龙头的全过程水质管理标准和水质工程施工标准，全流程保障水质，积累改造、管控、维护、应急等方面的管理经验，为未来高品质供水体系的建立提供技术和实践指导。未来通过设置供水示范区，对区内龙头水按月度开展检测并结合在线水质数据对二次供水的用户群进行重点分析，缩短区内二次供水水龄（最终通过二供供水设施优化，控制水龄在 18 个小时内）；通过适度提高地区供水服务压力，探索减少或取消多层屋顶水箱，改善水质。按照 IWA "水安全计划"的方法和流程，对示范区内的管网和二次供水设施进行风险评估，识别对水质影响最严重的风险和隐患，列出需整改清单并予以完善。

另外，制定水质在线监测设备的布置原则，在输配分离点、管网末梢点、主要小区泵房设置在线水质监测设备，在每个小区设置二次供水采样点。梳理管网维护、接水作业、二次供水、水箱清洗等管理标准和作业指导书，从现场作业要求、后台监管、外包服务商管理等方面提升管理效率，提高水质安全水平。此外，重视末端水质的保持，提升末端水质的保障能力。通过改造逐步实现二次供水设施结构的全封闭，使二次供水设施成为输配管网的一部分，并通过浊度、余氯、液位等在线监测手段，减少清洗、维护的频率，以提升末端水质保障能力，减少供水企业的维护成本。

### 7.1.2.6 供水服务精准化

供水企业依托上海市已建立的"供水热线"传统渠道，以"一网通办"作为总门户和网上营业厅，线下各服务窗口作为"标准营业厅"，供水服务代表作为"行走的营业厅"，微客服作为"掌上营业厅"，形成具有综合性业务办理能力的多维度立体在线服务架构布局。客户服务事项实行办理制，业务管理采取事中事后监管制，推进线上线下监管一体化，客户服务领域审核事项实现桌面端向移动端的搬迁，提高审核效率。借鉴"无感智办"，基于供水企业已建成的客户服务系统，推出企业的主动精准系列服务。

将供水服务代表视作"行走的营业厅"，体现其供水服务"水管家"的功能定位。要求供水服务代表定点进社区（包括网上社区、社区业主微信群等），实现业务受理、办理与督办职能。同时，缩短服务流程半径、提高服务响应速度。逐步完善各项业务的办理深度和便捷度，探索智能化服务模式，开展智能分析和智慧化服务。

### 7.1.2.7 高品质饮用水水质标准

经过 2013~2018 年 5 年多努力，全国首部地方水质标准《生活饮用水水质标准》（DB31/T 1091—2018）于 2018 年 6 月颁布，同年 10 月实施。上海市水质标准基于国标，同时参考了世界卫生组织（WHO）《饮用水水质准则》、美国环境保护总署（USEPA）《饮用水水质标准》、欧盟《饮用水水质指令》三大国际标准最新版，并部分参考了日本《生活饮用水水质标准》最新版。上海市水质标准既满足国家标准要求，又结合上海城市规划要求和经济发展能力，积极接轨全球最新饮用水水质标准，同时也充分考虑了上海水源水质特征和供水保障能力，提出了具有上海地方需求特征的生活饮用水水质标准；该标准的颁布实施可为今后直饮水的评价提供参考依据。

### 7.1.3 高品质饮用水实施模式

#### 7.1.3.1 国外模式

传统的自来水供水系统存在相当严重的二次污染问题，如常规水处理无法完全去除水中有害成分、管道腐蚀、渗漏及屋顶水箱微生物指标经常超标等，因此，欧美等发达国家从20世纪80年代已开始采用纯净水作为城市居民的饮用和烹调用水（以桶装纯净水为主）。然而，运输纯净水费用过高，造成相对销售价格较高，平均每升0.42~1.05美元；另据Filtrin公司统计资料显示，使用5年后桶装纯净水价格高于普通自来水系统8~10倍左右，极大阻碍了纯净水普及率的提升。日本于1985年开展了市民居住小区内优质饮用水管道供应系统的研究与开发，并在1992年对其原有饮用水标准进行了修改，其优质饮用水的典型生产工艺流程如图7-2所示。

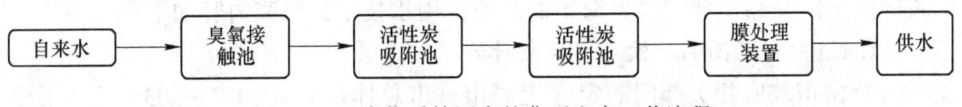

图7-2 日本优质饮用水的典型生产工艺流程

表7-1对比分析了桶装纯净水与管道供应优质饮用水的特点。由表可知，综合考虑水质、制水成本和安全性等方面，由管道供应优质饮用水优胜于桶装纯净水，更符合城市居民对高品质饮用水的要求标准。

**表7-1 桶装水与管道供应优质饮用水对比分析**

| 类型 | 水质 | 价格/元·L⁻¹ | 安全性 | 方便性 | 使用范围 |
|------|------|------|------|------|------|
| 桶装水 | 开封后一天内需用完 | 0.4~0.8 | 存储及送水过程存在污染风险 | 等水、买水 | 直饮为主 |
| 优质饮用水 | 现产现用、新鲜可口 | 0.1~0.2 | 全封闭产水，安全 | 从水龙头直饮 | 直饮、厨房用水 |

#### 7.1.3.2　国内模式

目前，国内通过管道供应优质饮用水有多种方式，如"1+2模式"：1套市政管网+2套小区供水管网（1套小区自来水管网+1套优质饮用水管网），如包头和东营模式中小区分质供水，上海世博园直接供应优质饮用水（直饮水）；"1+n模式"：1套市政管网+n个纯水机，如中小学学生使用净水器直饮供水；"1+1模式"：1套市政管网+1套小区直饮供水管网，如深圳模式。但综合考虑一次投资和运维成本，市政直饮供水是最经济且可实现普惠的供水模式。《上海市城市总体规划（2017—2035年）》中也规定要提高入户水质，满足直饮需求；按照党的十九大部署，为了不断提升人民群众的获得感和幸福感，饮用水水质提升应该作为普惠制，不能作为少数人的福利，所以直饮水供水模式应基于城市范围内实施市政自来水直饮的目标，从原水、水厂、管道输送至用户水龙头，保障每个环节水质均达到高品质要求，不管是饮用，还是洗澡、洗菜都实行同一标准，全面提升日常饮水和用水的水质。这个模式易于推广，惠及广大用户，可为市民提供更加安全健康的高品质饮用水。

### 7.1.4　上海市高品质饮用水技术探究

上海市高品质饮用水技术路线是以卓越的全球城市为目标，在注重水源水库系统布局、水厂处理技术工艺提升、管网和二次供水设施改造升级、智慧水务平台建设等的基础上，同时对标国际先进水平，使饮用水满足上海市《生活饮用水水质标准》的高品质要求。上海市高品质饮用水技术的研究内容如下。

#### 7.1.4.1　制定高品质饮用水实施计划

（1）由市政府相关部门制定《上海市城市总体规划（2017—2035年）》，全方位提高供水系统安全保障。计划将原水系统连通成环，实施给水厂深度处理和供水管网改造工程，加强供水系统的全过程水量水质监管，提高供水行业智慧化管理水平。

（2）由供水企业在第一阶段（2016—2025年）重点开展基于高品质饮用水的相关技术研究，推进高品质饮用水的示范区建设和技术经济评估，初步形成高品质饮用水从"源头到龙头"的技术路线和"龙头到源头"技术路线；在第二阶段（2026—2035年）根据提出的上海市高品质饮用水技术路线及示范经验，开展高品质饮用水的相关政策、法规研究，以"点"带"面"，全面推进和实施相关工程改造，逐步实现供水水质目标。

#### 7.1.4.2　加强多水源地联动，持续提升原水保障

（1）持续加强本市水源的水质保障建设。加强水源水库生态、物理等水体净化技术的开发与应用，提高水库原水水质，减轻水厂制水工艺负荷，提升水厂能效。

（2）持续完善本市多水源的联合调度建设。通过各水库间连通、水库管理系统连通，实现从青草沙水库向陈行原水系统补水；通过长江水源地与黄浦江上游水源地的陆域连通管建设，实现全市原水水质为先的智能联动调配。

完善和健全上海市多水源联合调度和供水信息化业务平台，增强原水应急处置能力和供应安全保障能级，实现青草沙、陈行和金泽三个水源的互通互联，使上海原水调配能力达到1000万吨/日。

#### 7.1.4.3 推动水厂深度处理改造与优化

（1）改造范围：规划改造主城区、浦东新区南片、嘉定区、崇明区和奉贤海湾地区，涉及24座水厂（包括已建水厂22座，新建水厂2座）。

（2）改造目标：截至2020年全市深度处理率力争达到60%，改造9座水厂，新建1座水厂；截至2025年深度处理率力争达到100%，改造13座水厂，新建1座水厂。

（3）改造方案：在常规工艺基础上，新增加臭氧-生物活性炭处理工艺，即"预臭氧—混凝—沉淀—过滤（或砂滤）—后臭氧—生物活性炭（或膜工艺）—消毒"工艺。

#### 7.1.4.4 建立流域饮用水资源联合调度与数据共享机制

（1）构建跨区域、跨部门的水质监测与预警多级业务化平台，建立上下游联动调度机制；

（2）借助长三角一体化的发展机遇，探索建立流域饮用水水源水质数据共享机制，积极探索长三角区域水资源联合调度方案。

#### 7.1.4.5 持续提高输配水水质的安全稳定性和龙头水品质

（1）分级改造：供水管网检测评估和分级改造，建立供水管网风险评估体系；

（2）生物稳定：加强供水管网微生物和水质综合调控，维持水质生物稳定性；

（3）模式优化：优化二次供水管理模式，减少水力停留时间；

（4）在线监管：构建二次供水监管信息化平台，水质信息公开。

#### 7.1.4.6 高标准顺利推进和规范化管理

（1）水质标准提高：编制并颁布上海市《生活饮用水水质标准》（DB31/T 1091—2018），该指标与国标相比，由106项增加至111项，新增指标5项，修订常规指标17项，修订非常规指标23，附录A增加3项，对供水水质提出了更高要求；

（2）一系列供水水质规范制定：从"源头到龙头"技术指南与导则编制，包括《金泽水库水原水预处理技术导则》《水厂运行规程》《水厂多级消毒技术指南》和《室内给水设施改造及使用建议导则》等；

（3）企业准则编制：编制全流程水质管理准则，包括《上海原水水质管理准则（企业）》和《上海饮用水水质管理准则（企业）》等。

### 7.1.5　上海市《生活饮用水水质标准》特点

#### 7.1.5.1　编制上海市地方标准必要性

为提升供水水质，上海市制订了高品质饮用水战略规划，并于 2018 年 10 月发布了具有本市地方需求特征的饮用水水质标准，即上海市《生活饮用水水质标准》（DB31/T 1091—2018，以下简称上海市地方标准），以此为依据推动本市供水系统的改进。上海市高品质饮用水战略规划，以及上海市地方标准的颁布和实施对于上海供水事业的发展具有重要意义。因此，本节对照我国饮用水水质标准及国际主要发达国家水质标准，分析上海市地方标准的细则，进而归纳其水质特点，同时为其他城市制定符合本市的饮用水标准提供可行性参考依据。

#### 7.1.5.2　上海市地方标准编制

随着上海市经济快速发展以及水质检测能力的大幅提升，同时在水体中检出的新型微量污染物不断增多，难以满足市区居民对饮用水水质的更高需求，因此，上海市编制了《生活饮用水水质标准》（DB31/T 1091—2018）：通过分析对照和研究国际先进水质标准，对国际标准中包含但我国国标未涉及的指标，部分引入上海市地方标准；对我国国标已包含但限值要求低于国际标准的指标，在上海市地方标准中进行相应提标。所有引入或提标的指标均通过与上海现状水质情况进行对比，复核其合理性，从而实现上海市地方标准和国际先进水质标准全面接轨。

上海市地方标准考虑了上海城市规划要求及经济发展能力，同时还参考了全球主要发达国家和组织的最新饮用水水质要求，是一部具有上海市地方需求特征的生活饮用水水质标准，匹配上海全球卓越城市定位。

#### 7.1.5.3　上海市地方标准与国标对比分析

A　新增指标

在水质控制指标数量方面，基于国家《生活饮用水卫生标准》（GB 5749—2006，以下简称国标），上海市地标的控制指标由 106 项增加至 111 项（常规指标 49 项，非常规指标 62 项）。参照国标，常规指标在原国标 42 项基础上，新增了 6 项国标的非常规指标及 1 项国标附录 A 指标；非常规指标在国标 64 项基础上，减去提升为常规指标的 6 项，另新增了 3 项国标附录 A 指标和 1 项新指标；此外还新增了 3 项水质参考指标。表 7-2 为上海市地方标准新增指标及来源。

表 7-2 上海市地方标准新增指标

| 指标类别 | 指标 | 地标限值/mg·L⁻¹ | 指标来源 |
|---|---|---|---|
| 常规指标 | 锑 | 0.005 | 国标非常规指标 |
| | 亚硝酸盐氮 | 0.15 | 国标附录 A 指标 |
| | 一氯二溴甲烷 | 0.1 | 国标非常规指标 |
| | 二氯一溴甲烷 | 0.06 | 国标非常规指标 |
| | 三溴甲烷 | 0.1 | 国标非常规指标 |
| | 三卤甲烷（总量） | 该类化合物中各种化合物的实测浓度与其各自限值的比值之和不超过 0.5 | 国标非常规指标 |
| | 氨氮（以 N 计） | 0.5 | 国标非常规指标 |
| 非常规指标 | 2-甲基异莰醇 | 0.00001 | 国标附录 A 项目 |
| | 土臭素 | 0.00001 | 国标附录 A 项目 |
| | N-二甲亚硝胺 | 0.0001 | 新增 |
| | 总有机碳 | 3 | 国标附录 A 项目 |

对表 7-2 中各指标的修改依据如下：

（1）锑。由于上海黄浦江上游、金泽水库易受锑污染，锑本底情况较高，是黄浦江上游原水的核心问题之一，因此上海市地标将锑调整为常规指标。通过对比国际标准，我国国标对锑的限值 0.005mg/L 已属于较严水平，因此上海市地方标准中锑的限值仍为 0.005mg/L。

（2）亚硝酸盐氮。亚硝酸盐氮指示水的稳定性，对表征饮用水水质的稳定程度有重要意义，因此列入上海市地方标准常规指标。对比国际标准发现，欧盟标准限值最严（0.15mg/L），若以此为标准，上海 2014~2017 年亚硝酸盐氮合格率普遍在 98.6%~100%，因此上海市地方标准确定其限值为 0.15mg/L。

（3）三卤甲烷及三个分量。三卤甲烷是消毒副产物，具有潜在的致癌风险，是目前饮用水安全关注的重点，WHO 建议饮用水中三卤甲烷在可行的情况下尽可能保持在低水平。因此上海市地方标准将三卤甲烷及 3 个分量调整为常规指标。根据 2014~2017 年的检测数据显示，如以 0.5 为限值，三卤甲烷的指标检测的合格率可达到 94.47%~98.67%，因此确定 0.5 为三卤甲烷限值。

（4）氨氮。由于上海水厂工艺大多采用游离氯消毒，加氨后会生成氯化铵等化合物，因此将氨氮调整为常规指标，控制加氨量。复核将氨氮限值确定为 0.5mg/L 时的可行性，发现上海 2014~2017 年氨氮合格率逐年提升，从 93.5%上升至 100%，因此确定 0.5mg/L 为氨氮限值。

（5）臭味指标。上海水源地均为水库型水源地，2-MIB 和土臭素为蓝藻代谢产物，在夏季易引发饮用水臭味问题，是上海原水的主要污染物质之一，因此调整为非常规指标。以 0.00001mg/L 确定为两项指标的限制，发现 2014～2017 年上海各水厂出厂水合格率均可达到 95.24%～100%，具备标准实施的条件。

（6）N-二甲基亚硝胺（NDMA）。NDMA 已被发现存在于以氯胺消毒过程的供水系统中，并被国际癌症研究总署（IARC）列入高疑似致癌物质。由于上海水厂普遍以氯胺消毒为主，因此将 NDMA 列入非常规项。限值参考 WHO 标准定为 0.0001mg/L，通过复核上海近年来水质情况，基本可实现 100%达标，且实际浓度约为该限值的 1/10 左右。

（7）总有机碳（TOC）。TOC 是水体中溶解性和悬浮性有机物含碳的总量，是更能代表有机污染程度的复合指标，由于上海水源的主要问题是有机污染，因此将 TOC 调整为非常规指标。国标中对 TOC 的限制为 5mg/L，而 EPA、欧盟和 WHO 标准均未对 TOC 进行限值，因此上海市地方水质标准对 TOC 的限制参考了日本水质基准（2015 版），确定为 3mg/L。通过复核，近年来上海 TOC 合格率可达到 96.15%～99.01%，具备实施可能。

B　提标指标

在水质控制指标限值方面，上海市地方水质标准对 40 项指标的限值进行了修订，其中常规指标提标 17 项、非常规指标提标 23 项。17 项常规指标限值的提高或以 WHO、美国、欧盟、日本四个国际标准为依据，或以我国《地表水环境质量标准》（GB 3838—2002）为依据，或以消毒副产物控制要求为依据，或以改善水质为依据。同时对拟提标的限值复核近年来上海实际出厂水的达标情况，确保提标后的新标准可实施。表 7-3 为上海市地标限值的修改情况。

表 7-3　上海市地方水质标准提标情况

| 指标类别 | 指标 | 地标限值/mg·L$^{-1}$ | 国标限值/mg·L$^{-1}$ | 提标依据 |
|---|---|---|---|---|
| 常规指标 | 镉 | 0.003 | 0.005 | WHO、日本 |
| | 亚硝酸盐氮 | 0.15 | 1 | 欧盟 |
| | 铁 | 0.2 | 0.3 | 欧盟 |
| | 锰 | 0.05 | 0.1 | WHO、日本 |
| | 溶解性总固体 | 500 | 1000 | 欧盟 |
| | 总硬度 | 250 | 450 | 欧盟 |
| | 汞 | 0.0001 | 0.001 | 美国、欧盟、日本 |
| | 阴离子合成洗涤剂 | 0.2 | 0.3 | 美国、日本 |
| | 三卤甲烷 | 0.5 | 1 | GB 3838—2002 |
| | 溴酸盐 | 0.005 | 0.01 | GB 3838—2002 |
| | 甲醛 | 0.45 | 0.9 | 参照 WHO 要求，限值减半 |

| 指标类别 | 指标 | 地标限值/mg·L⁻¹ | 国标限值/mg·L⁻¹ | 提标依据 |
|---|---|---|---|---|
| 常规指标 | 菌落总数（CFU/mL） | 50 | 100 | 参考 IARC 对污染物致癌风险的定性 |
| | 色度（铂钴色度单位） | 10 | 15 | 提高生物安全性 |
| | 浑浊度（NTU） | 0.5 | 1 | 改善水质 |
| | 耗氧量 | 2；当原水耗氧量>4 时，限值 3 | 3；当原水耗氧量>6 时，限值 5 | 耗氧量在水源地含量>4 时，在出水厂的限值为 3 |
| | 总氯 | 与水接触至少 120min 后，出厂水中余量≥0.5，最大值远小于 2；管网末梢水中余量≥0.05 | 与水接触至少 120min 后，出厂水中余量≥0.5，限值 3；管网末梢水中余量≥0.05 | 最大值≤2 |
| | 游离氯 | 与水接触至少 30min 后，出厂水中余量≥0.5，最大值远小于 2；管网末梢水中余量≥0.05 | 与水接触至少 30min 后，出厂水中余量≥0.3，限值 4；管网末梢水中余量≥0.05 | |
| 非常规指标 | 1,2-二氯乙烷 | 0.003 | 0.03 | 欧盟 |
| | 二氯甲烷 | 0.005 | 0.02 | 美国 |
| | 1,1,1-三氯乙烷 | 0.2 | 2 | 美国 |
| | 五氯酚 | 0.001 | 0.009 | 美国 |
| | 乐果 | 0.006 | 0.08 | WHO |
| | 林丹 | 0.0002 | 0.002 | 美国 |
| | 1,1-二氯乙烯 | 0.007 | 0.03 | 美国 |
| | 1,2-二氯苯 | 0.6 | 1 | 美国 |
| | 1,4-二氯苯 | 0.075 | 0.3 | 美国 |
| | 三氯乙烯 | 0.005 | 0.07 | 美国 |
| | 丙烯酰胺 | 0.0001 | 0.0005 | 欧盟 |
| | 四氯乙烯 | 0.005 | 0.04 | 美国 |
| | 邻苯二甲酸二脂 | 0.006 | 0.008 | 美国 |
| | 环氧氯丙烷 | 0.0001 | 0.0004 | 欧盟 |
| | 苯 | 0.001 | 0.01 | 欧盟 |
| | 氯乙烯 | 0.0003 | 0.005 | WHO |

| 指标类别 | 指标 | 地标限值/mg·L⁻¹ | 国标限值/mg·L⁻¹ | 提标依据 |
|---|---|---|---|---|
| 非常规指标 | 氯苯 | 0.1 | 0.3 | 美国 |
| | 丙烯酰胺 | 0.0001 | 0.0005 | 欧盟 |
| | 四氯乙烯 | 0.005 | 0.04 | 美国 |
| | 邻苯二甲酸二脂 | 0.006 | 0.008 | 美国 |
| | 环氧氯丙烷 | 0.0001 | 0.0004 | 欧盟 |
| | 苯 | 0.001 | 0.01 | 欧盟 |
| | 氯乙烯 | 0.0003 | 0.005 | WHO |
| | 氯苯 | 0.1 | 0.3 | 美国 |
| | 总有机碳 | 3 | 5 | 日本 |
| | 氯化氰 | 0.035 | 0.07 | 对人体有刺激作用 |
| | 二氯乙酸 | 0.025 | 0.05 | 易引起皮肤和眼损害 |
| | 三氯乙酸 | 0.05 | 0.1 | 强烈刺激作用，2B 类致癌物 |
| | 三氯乙醛 | 0.005 | 0.01 | 强烈刺激作用，易引起麻醉作用 |
| | 2,4,6-三氯酚 | 0.1 | 0.2 | 对眼睛和皮肤有刺激作用 |

#### 7.1.5.4 参考指标

上海市地方水质标准新增了 3 项水质参考指标，见表 7-4。

**表 7-4　新增的 3 项水质参考指标**

| 指标类别 | 限值 | 地 标 限 值 |
|---|---|---|
| 乙酰甲胺磷 /mg·L⁻¹ | 0.001 | 现有国内外标准中乙酰甲胺磷无限值规定，由于其主要代谢产物为甲胺磷，因此将限值暂定为 0.001mg/L |
| 异丙隆 /mg·L⁻¹ | 0.009 | 检测了上海用量较大的 10 种农药，其中三环唑原水、出厂水均有明显检出，原水约为几百纳克每升，深度处理水厂去除效果较好。异丙隆、乙草胺、丙草胺原水有少量检出，约为几十纳克每升，出厂水均小于 1ng/L。根据《农药安全使用手册》（上海市农业技术推广服务中心编著），三环唑、异丙隆、乙草胺无慢性毒性，丙草胺动物试验有微毒。异丙隆 WHO 中限值为 0.009mg/L，三环唑、乙草胺、丙草胺在国内标准中均无限值。因此将异丙隆增加在附录中 |

续表 7-4

| 指标类别 | 限值 | 地 标 限 值 |
|---|---|---|
| 异养菌<br>平板计数<br>/CFU·mL$^{-1}$ | 500 | 异养菌平板计数法比国标细菌总数方法更加灵敏，是一种适合饮用水环境的细菌培养计数方法。适用于评价饮用水中细菌数量和优化消毒工艺。本限值主要参照美国 EPA 国家饮用水水质标准 |

#### 7.1.5.5 其他编制说明

在术语和定义部分，与国标相比增加了管网水、管网末梢水。在水质检验及考核要求部分，上海市地标对水质检验指标、频率和考核合格率计算方式、考核合格率要求等内容均参照国标，增加了二次供水水质检验指标、频率和考核合格率要求，明确合格率要求大于等于95%。

#### 7.1.5.6 小结

通过编制并颁布上海市地方标准，标志着该标准总体水平已达到国际先进的水质标准，为上海全面实现高品质饮用水目标提供参考依据，同时对行业主管部门和供水企业的工作提供了指引，可以匹配上海全球卓越城市的定位。

## 7.2 高品质饮用水示范工程

创建高品质饮用水服务示范区的目的是，通过示范区建设探索从水厂至龙头的供水全产业链专业化、精细化、智慧化管控，并基于示范区积累的经验与做法在市区甚至全国范围内稳步推广，为城市居民提供世界一流品质饮用水。高品质饮用水服务示范区建设，立足于现状，从基础着手，高起点规划、高标准设计、分步设施、全面推进，实现创新引领下可复制、可推广示范效应。高品质饮用水工程技术路线，如图 7-3 所示。

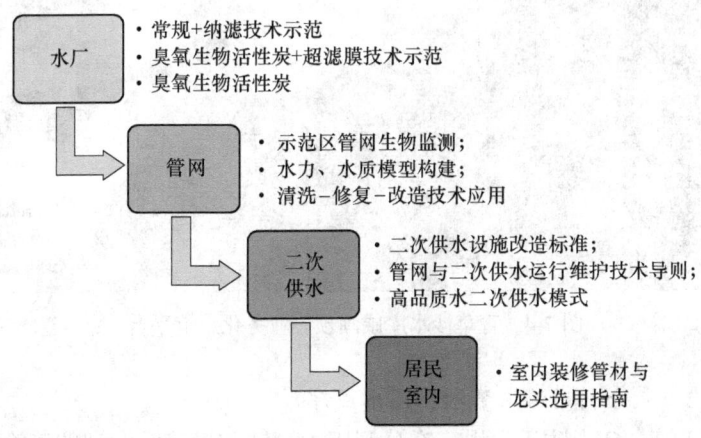

图 7-3 高品质饮用水工程技术路线

### 7.2.1　水源地水质水量保障技术

水源地水质水量保障技术以青草沙水库的建设与示范为例。

#### 7.2.1.1　构建咸潮预警业务化平台，避咸蓄淡

1993 年，在长江口咸淡水交汇区创建了第一座氯化物自动遥测站，通过 15 年长序列海量数据积累，30 年卫星遥感图像以及 100 年河口地形分析，发现了北支盐水入侵对长江口水源地影响的基本规律。此外，考虑长江三峡、南水北调、海平面上升、北支河势变化趋势等诸多不利因素，成功获得长江口水域氯化物过程线，确定咸潮期青草沙水库最长连续不宜取水天数为 68 天，为青草沙水源地原水工程的规划、建设和运行奠定了科学基础。

通过"十一五"水专项是课题（科研），形成河口蓄淡水库咸潮风险评估与预报技术，通过实时监测短期预警（一周）与三维模拟中期预报（三个月）相结合的咸潮预警技术，有效提升水源地"避咸蓄淡"安全保障能力，逐步完善形成青草沙水库咸潮预警业务化平台。图 7-4 所示为青草沙水库咸潮预警业务化示范平台。

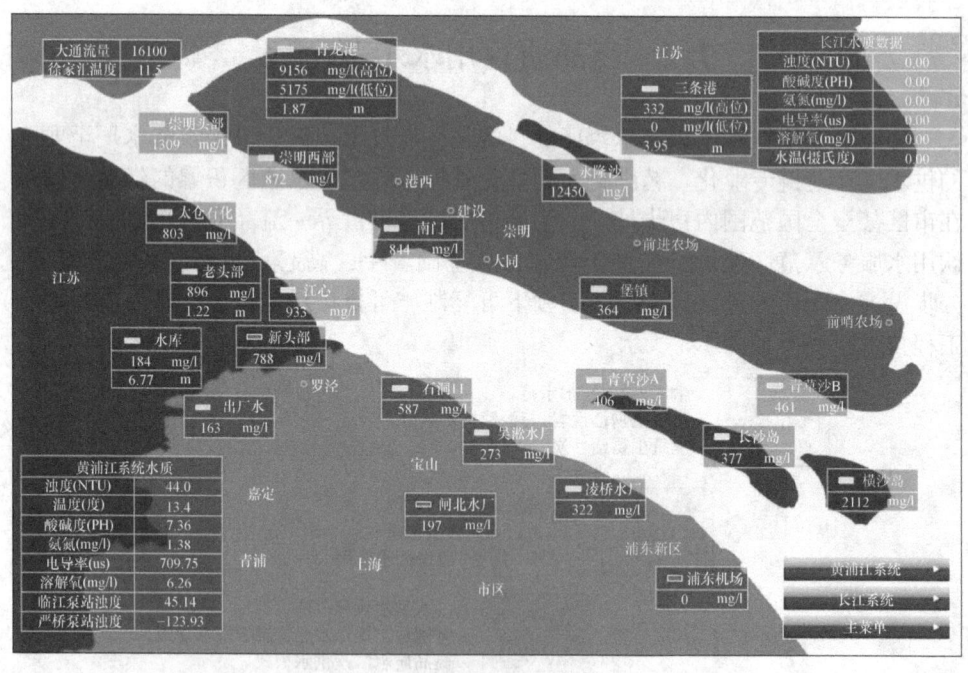

图 7-4　青草沙水库咸潮预警业务化示范平台

#### 7.2.1.2　充分利用滩涂资源，圈水成库

依托长兴岛 16km 防汛大堤，充分利用中央沙和青草沙沙洲的滩涂资源圈水，

通过规划青草沙水库 32km 的流线型堤线，形成中华鲟的鱼形库型，获得自然有效库容 3.85 亿立方米（最大库容量 5.46 亿立方米）。图 7-5 所示为青草沙水库的鱼形库型。

图 7-5 青草沙水库的鱼形库型

### 7.2.1.3 构建水库线，稳定河势

长江口三级分叉、四口入海，青草沙水库处于长江口河势最为复杂的敏感水域。通过先行圈围中央沙鱼嘴，随即圈围青草沙鱼身，稳固南北港分流口，为长江口南北港、南北漕的河势稳定创造了条件，如图 7-6 所示。

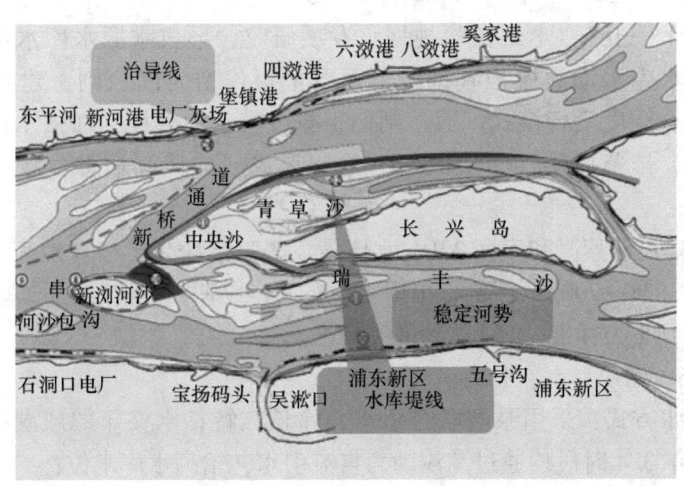

图 7-6 青草沙水库堤线示意图

**7.2.1.4 充分利用水体自净作用,引清避污**

长江口水质属基本Ⅱ类,总氮总磷指标劣于Ⅲ类。通过掌握长江口潮汐、泥沙和水质变化规律,并结合"十一五""十二五"规划水专项,建设形成青草沙水库多级水质监测与预警系统,以充分利用长江口水体自净作用,好中取优,实现引清避污,提高水库本底水质。图 7-7 所示为青草沙水库环境监测数据库与管理信息系统。

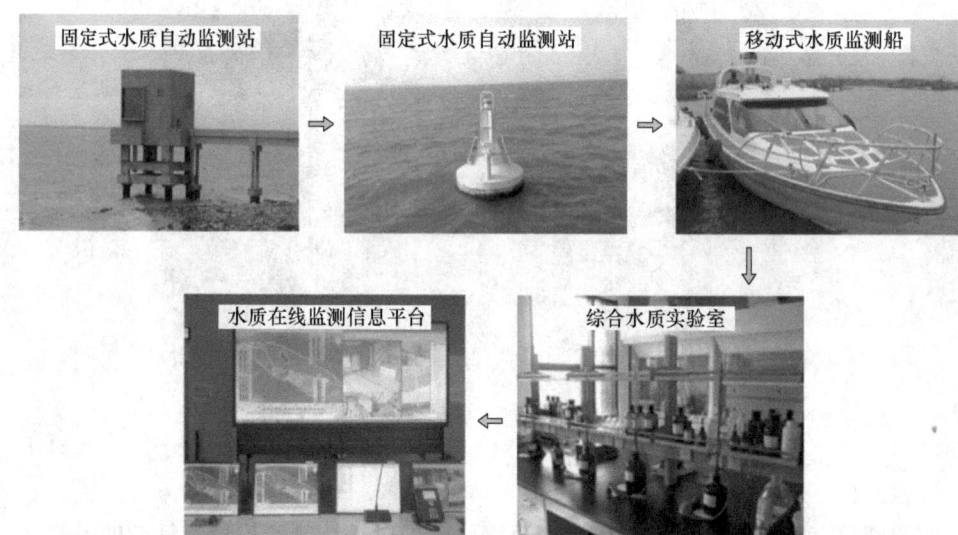

图 7-7 水库环境监测数据库与管理信息系统

**7.2.1.5 "上引下排",加强自然净化**

通过"十一五""十二五"规划水专项研究,形成水源水库水动力调控关键技术,在水库水动力模拟基础上,采取最短停留时间原则,建立"上引下排"闸门联合调度运行模式,通过闸门引排改善水力条件,加强水体扰动,减少停留时间,排藻抑藻(图 7-8),并编制形成《非咸潮期青草沙水库运行调度方案》。

通过河口泥沙絮凝和库区 22km 水体缓流等自然净化,按《地表水环境质量标准》(GB 3838—2002)评价,出库水质的 24 项基本项除总氮、总磷(湖库)外,21 项达到Ⅰ类标准,1 项达到Ⅱ类标准。

**7.2.1.6 潮汐引水,抬高水库水位**

(1)取水方式:采用泵闸联合引水,除长江特枯水文年的咸潮期采用水泵引水外,全年 3/4 时段均通过潮汐动力自流引水,抬高水库水位;

(2)输水方式:取消 708 万立方米/日的水库输水泵站,利用 14km、内径 5.84m 的输水隧道重力流穿越长兴岛和长江口南港。

图 7-8 "上引下排"闸门联合调度运行模式示意图

（3）能耗方式：自水库取水口至浦东 5 号沟泵站约 36km，采用"潮汐流+重力流"引水，供水规模达到 708 万立方米/日，系统运行能耗大幅降低。

7.2.1.7 顺势而为，构建青草沙库区生态健康系统

青草沙为长江河口江心浅滩型单一功能饮用水水库。青草沙水库的规划顺应河口水生态特征，以水库鱼形设计、水库水沙盐调度、水库营养盐平衡、水库生物多样性培育等生态调理方法顺势而为，恢复和构建青草沙库区生态健康系统，变人工水库为天然湖泊。

## 7.2.2 金泽水源地水生态环境科学基地建设

7.2.2.1 金泽水源地水生态环境科学基地建立

在金泽水源地保护区内，规划建设 1km² "金泽水源地水生态环境科学实证与示范基地"，通过生态系统的构建降低氮磷等营养盐含量，与金泽水库物理—生态系统协同，有效提高出库水Ⅲ类达标率。具有水生态净化系统，水源地污染防控和控藻技术研究功能区，黑臭河道治理和生态修复研究功能区，水环境模拟与评估研究功能区，水环境智能化监控与预警研究功能区，开放式、互动型市民科普教育功能区。金泽水源地水生态环境科学示范基地如图 7-9 所示。

7.2.2.2 金泽原水工程化实证基地建立

以金泽水源为原水，构建模拟"水厂高级氧化和膜工艺、管网水力水质与漏损控制、二次供水五种模式、室内不同管材/居民水龙头的水厂—城市管网—二次供水"的金泽水源工程化实证基地（图 7-10），为高品质饮用水技术集成和水质优化提供技术支撑。

图 7-9　金泽水源地水生态环境科学示范基地

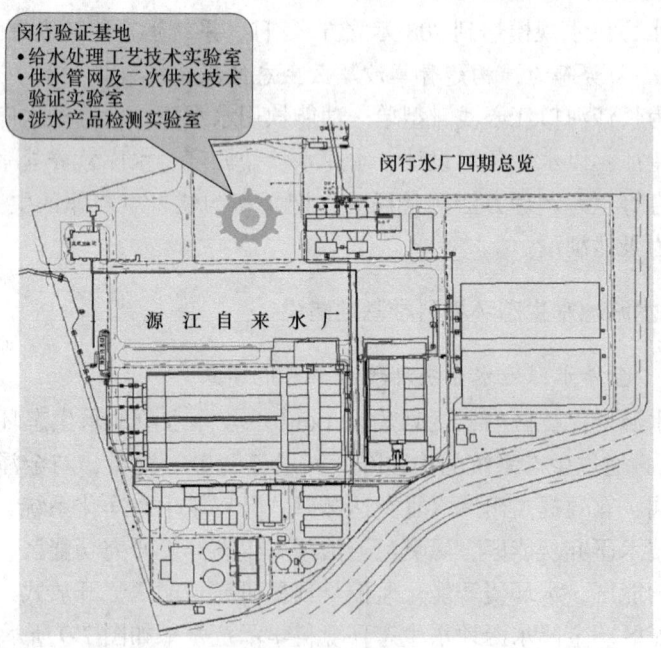

图 7-10　金泽水源工程化实证基地示意图

### 7.2.3　城市多水源联合调配关键技术

#### 7.2.3.1　多水源城市原水系统综合调控关键技术

针对"两江并举"格局下各水源处于独立调度、经验调度，尚未形成真正意义"多源互补"状况，并根据上海原水系统特点，上海市构建了精细化的原水系统水力调度模型。利用该模型可以模拟上海水源突发污染、长江口冬季咸潮入侵、夏季水库藻类生长、输水管渠和枢纽泵站故障等水质、水量风险，进而提出青草沙水源、陈行水源、黄浦江上游水源的多水源原水系统综合调控与应急调度方案。多水源城市原水系统综合调控与应急调度方案如图 7-11 所示。

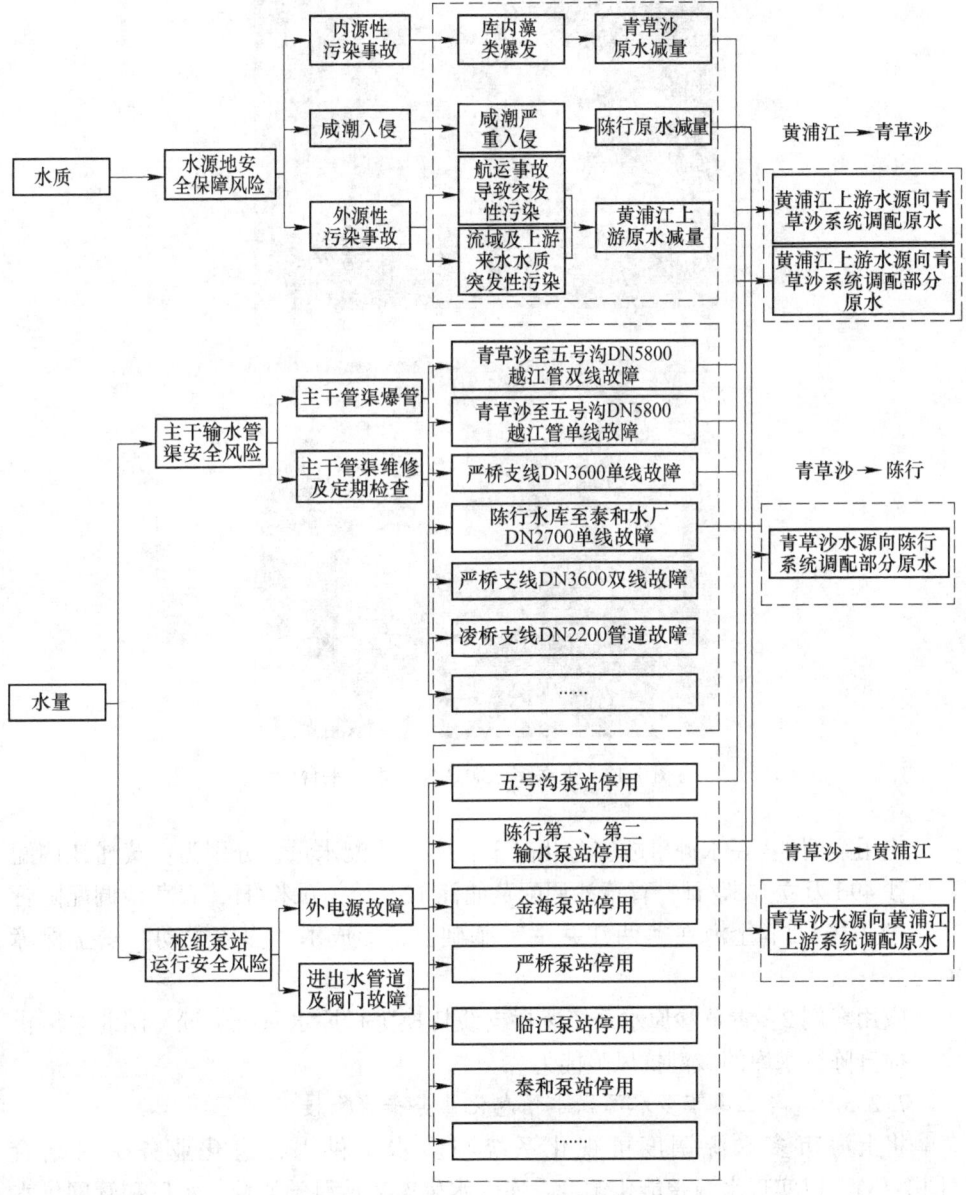

图 7-11　多水源城市原水系统综合调控与应急调度示意图

### 7.2.3.2 上海多水源调配可视化平台

在制定多水源城市原水系统综合调控与应急调度方案后，再利用计算机语言程序化，建立多水源调度可视化平台，如图 7-12 所示。

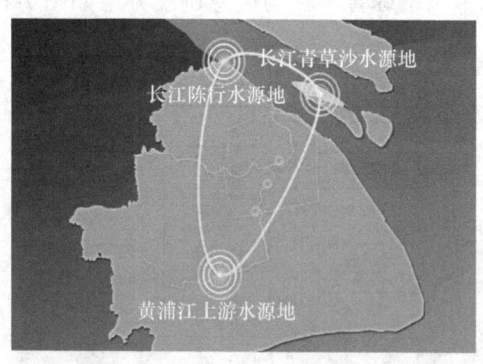

图 7-12    上海多水源调配可视化平台

应用案例 1：在水源事故应急状况下，实现调配水量，分别为：黄浦江调配青草沙 496 万立方米/日，青草沙调配黄浦江 123 万立方米/日，青草沙调配陈行 38 万立方米/日，上海在"两江并举"基础上，形成了"多源联动"安全保障能力。

应用案例 2：青草沙原水系统凌桥支线切换陈行原水系统吴淞、闸北水厂供水，提升陈行水库的咸潮抗风险能力。

### 7.2.3.3    与上海市多水源供水信息化业务平台衔接

将上海市多水源调度可视化系统与多水源供水信息化业务平台结合（图 7-13），以实现水源智能化调度、库区水生态环境科学调控、水厂和管网供水运行优化、二次供水设施信息化监管。

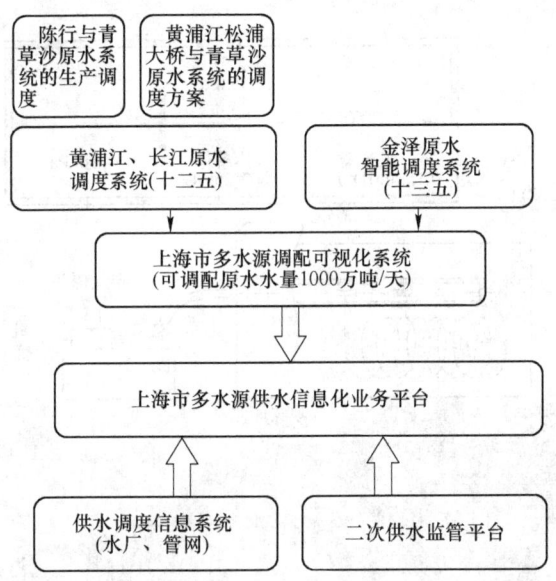

图 7-13    上海多水源调配可视化系统与多水源供水信息化业务平台衔接

### 7.2.4    饮用水复杂嗅味与污染物协同控制技术

#### 7.2.4.1    复杂水质条件下嗅味识别与控制技术示范

长期以来水质检测无法对水中异味如嗅味等指标进行定性定量评价,过分依赖个人的感官印象。因此,上海市创新性地建立了饮用水嗅味层次分析方法,即将感官评价和仪器分析结合,建立感官气相色谱/全二维气相色谱-飞行时间质谱分析的嗅味物质识别成套技术,如图 7-14 和图 7-15 所示。同时还组织饮用水嗅味识别培训班,培训了专业嗅味闻测人员 100 余人。

#### 7.2.4.2    饮用水复杂嗅味与污染物协同控制技术与示范

开展臭氧生物活性炭深度处理工艺优化,以去除嗅味、高有机物、多种痕量污染物为控制目标,同时保证溴酸盐不超标,确定深度处理工艺运行参数,提出复杂水质条件下多种污染协同控制的相关技术方案。通过优化该工艺,使出水嗅味低于 10ng/L,溴酸盐 $10\mu g/L$ 以下,其他出厂水质指标达到我国现行的饮用水标准 GB 5749—2006,如图 7-16 所示。臭氧活性炭升级单位制水成本增幅为 0.24 元/$m^3$。

通过应用饮用水复杂嗅味与污染物协同控制技术,上海市居民饮用水嗅和味合格率由 2011 年的 84.19% 提高到 2015 年的 97.50%,初步解决了困扰上海多年

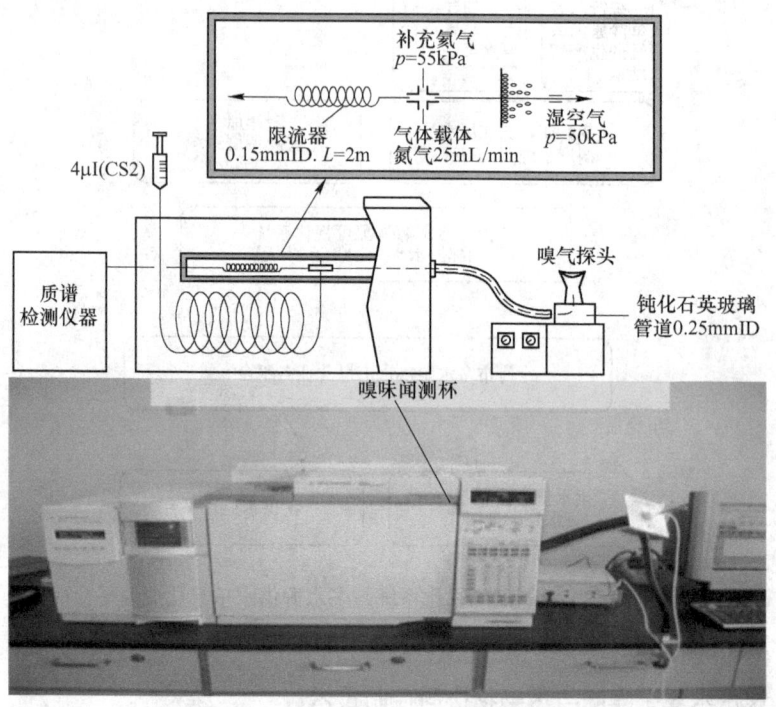

图 7-14　饮用水嗅味物质识别鉴定技术

的饮用水嗅味问题，显著提升了上海饮用水安全保障能力和饮用水品质，取得显著社会效益。

### 7.2.5　给水厂深度处理工艺建设

#### 7.2.5.1　高溴离子原水臭氧化副产物溴酸盐抑制技术与应用

黄浦江原水和青草沙原水中溴离子浓度分别为 200 ~ 400μg/L 和 200 ~ 300μg/L，通过投加高浓度氨氮（0.5mg/L），可在一定程度上抑制臭氧氧化过程中溴酸根的生成（图 7-17），目前已经在黄浦江水源深度处理水厂推广应用。

#### 7.2.5.2　临江水厂加氯/加氨抑制溴酸盐技术与应用

在上海市临江水厂采用"预臭氧—混凝沉淀—（硫酸铵）—后臭氧—活性炭—UV 消毒—加氯/加氨"为核心的深度处理工艺，示范规模为 60 万立方米/日。水厂出水水质的 106 项指标全部达到我国现行的饮用水标准 GB 5749—2006，溴酸盐控制在 5μg/L 以下，细菌未检出，2-MIB 等嗅味物质低于检测限。示范工程制水成本增加为 0.246 元/m³。

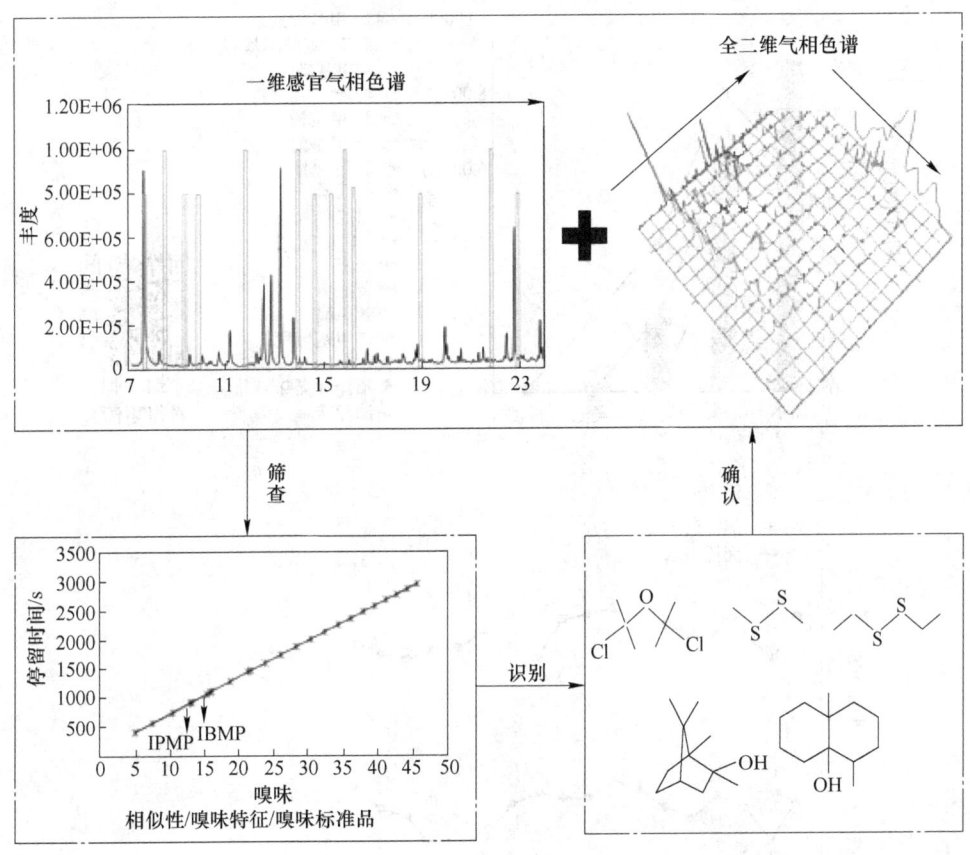

图 7-15 饮用水嗅味物质识别鉴定技术

此外，通过采用加氯/加氨抑制溴酸盐技术应用和在临江水厂示范，已逐渐在上海深度水处理工程中推广应用，并保证了世博园区直接饮用水安全，提升了上海的国际形象。

**7.2.5.3 杨树浦水厂臭氧+生物活性炭深度处理技术与应用**

杨树浦水厂：现有 5 条制水生产线，其中 1 条生产线已于 2009 年改造成为深度处理生产线，可支持 36 万立方米/日的深度处理规模。工程改造计划及方案：厂内所有生产线将全部采用臭氧+生物活性炭的深度处理工艺，工程设计规模为 120 万立方米/日，预计 2024 年通水投产。使出水水质在满足国标基础上，进一步满足上海市饮用水水质标准的要求。杨树浦水厂深度处理改造工程和臭氧+生物活性炭处理工艺如图 7-18 和图 7-19 所示。

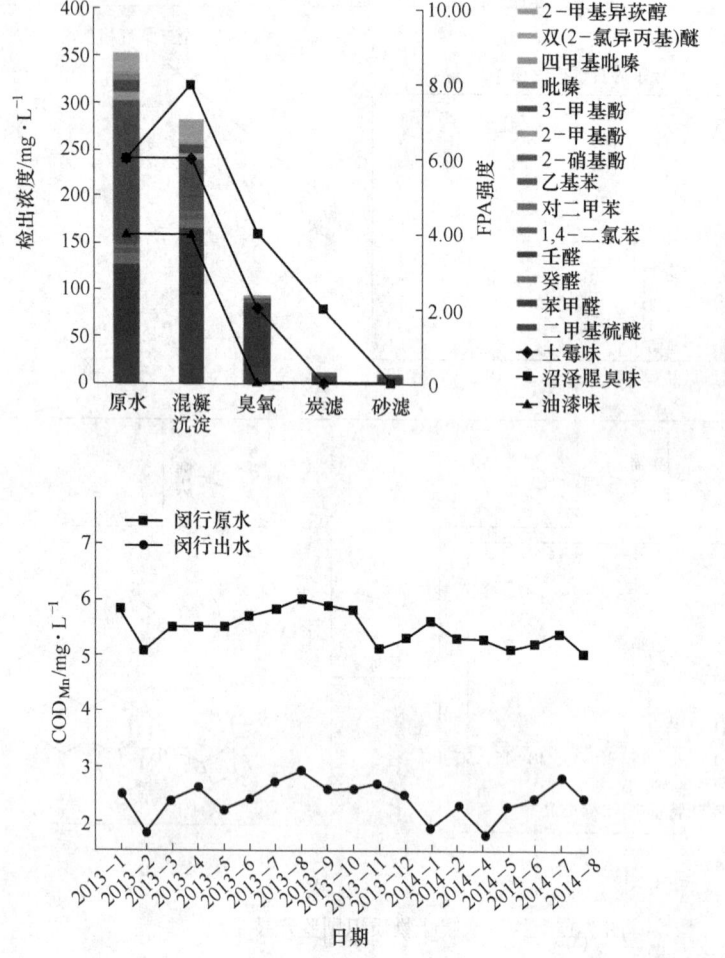

图 7-16 臭氧生物活性炭深度处理工艺降解污染物曲线

## 7.2.6 管网水质稳定——消毒、清洗、非开挖修复诊断技术

### 7.2.6.1 分级改造城市给水管网方案
开展示范区供水管道调研，结果见表 7-5。
依照以下 3 种方法对供水管网进行更新改造：
(1) 轻度腐蚀结垢或有生物膜管道：气水冲洗（图 7-20）。
(2) 严重腐蚀结垢或有漏损管道：非开挖修复。
(3) 老旧、重度或严重腐蚀管道：更新改造。

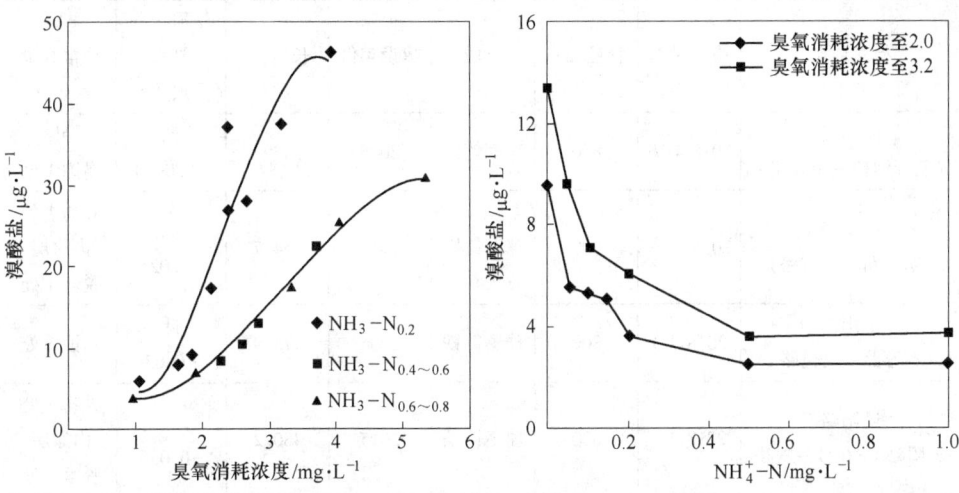

图 7-17　氨氮抑制臭氧氧化过程溴酸盐浓度曲线图

图 7-18　杨树浦水厂深度处理改造工程

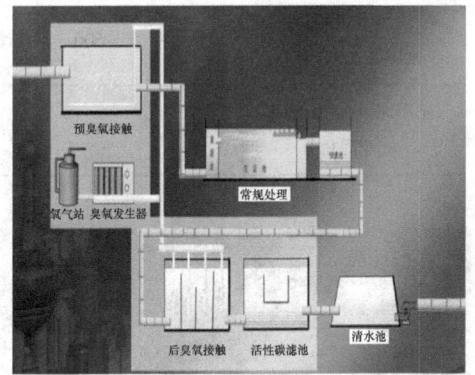

图 7-19　臭氧+生物活性炭处理工艺

表 7-5　示范区管道检测结果

| 检测地点 | 检测时间 | 管径/mm | 材质 | 建设年份 | 长度/m | 受损状态等级（受损数值） | 异常数量 |
|---|---|---|---|---|---|---|---|
| 华宁路（银林路—银春路） | 2018-4-16 | 600 | 球磨铸铁 | 2004 | 429.6 | 较低 -0.1441 | 内涂层损坏 1 处 |
| 江川路（临沧路—华宁路） | 2018-4-17 | 500 | PE | 2008 | 737.3 | 低 -0.045 | 内涂层损坏 1 处 |

| 检测地点 | 检测时间 | 管径/mm | 材质 | 建设年份 | 长度/m | 受损状态等级（受损数值） | 异常数量 |
|---|---|---|---|---|---|---|---|
| 昆阳路（新开河桥—银春路） | 2018-4-20 | 800 | 球磨铸铁 | 2005 | 429 | 低 -0.0013 | 轻度腐蚀1处 |
| 昆阳路（东川路—江城路） | 2018-4-18 | 600 | 球磨铸铁 | 2015 | 454.7 | 低 -0.025 | 异物1处内涂层脱落1处 |
| 昆阳路（银春路—陪昆路） | 2018-7-3 | 800 | 球墨铸铁 | 2005 | 175.9 | 低 -0.03 | 腐蚀1处 |
| 昆阳路（昆阳路1500号—铁路） | 2018-7-7 | 600 | 球墨铸铁 | 2015 | 480.2 | 低 -0.036 | 异物2处内涂层脱落1处 |
| 华宁路（剑川路—银林路） | 2018-8-8 | 600 | 球墨铸铁 | 2004 | 297.4 | 低 -0.054 | 异物1处管瘤1处 |
| 昆阳路（江城路—昆阳路1500号） | 2018-8-9 | 600 | 球墨铸铁 | 2015 | 528.1 | 低 -0.021 | 腐蚀1处 |
| 昆阳路（剑川路—新开河桥） | 2018-8-10 | 800 | 球墨铸铁 | 2015 | 335.7 | 较低 -0.215 | 管瘤1处 |

图7-20 给水管网清洗设施

**7.2.6.2 不同管材生物膜附着水平和引发嗅味能力**

（1）不同管材附着的生物膜上总菌数、活菌数和可培养细菌数均呈一致规律性，即 PVC>PPR>不锈钢，如图7-21所示。

（2）PVC 管壁含有较多活蓝藻细菌，占总活菌数的 12.4%，而在 PPR 和不锈钢中仅占 8.87% 和 7.69%；PPR 管壁含有较多活性放线菌，占总活菌数的

0.83%，在 PVC 和 PPR 中仅占 0.48% 和 0.47%。由于蓝藻细菌和放线菌会产生嗅味物质，如土臭素和 2-MIB，PVC 和 PPR 管相较于不锈钢管，在饮用水输配过程中更易引发饮用水的嗅味问题，因此，建议饮用水输配管道采用不锈钢管材。

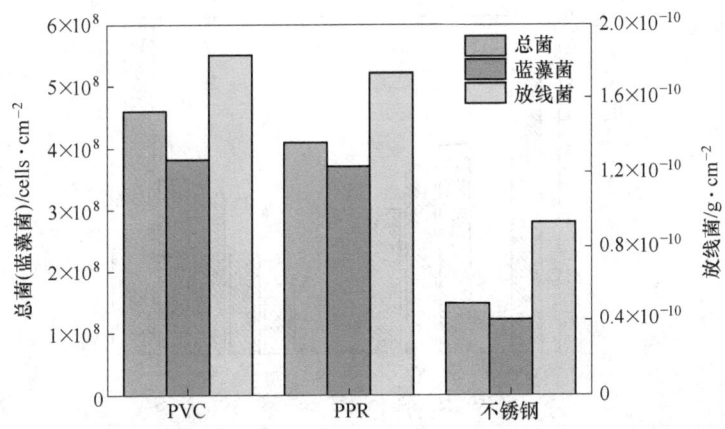

图 7-21    多水源城市原水系统综合调控与应急调度示意图

### 7.2.6.3    控制管网微生物生长的水质条件和余氯水平

图 7-22 所示为水温低于 25℃时保障水质微生物安全的条件。由图 7-22 可知，当水温低于 25℃时出厂水和管网水的总氯在 0.64~1.45mg/L 之间，异养菌总数（HPC）在 0~313CFU/mL 之间，源江水厂加氯量可保障示范区范围内供水管网所有位点 HPC 均符合上海市标（≤500CFU/mL）。因此，为了保证二次供水 HPC≤500CFU/mL，最低总氯浓度应维持在 0.4~0.5mg/L。

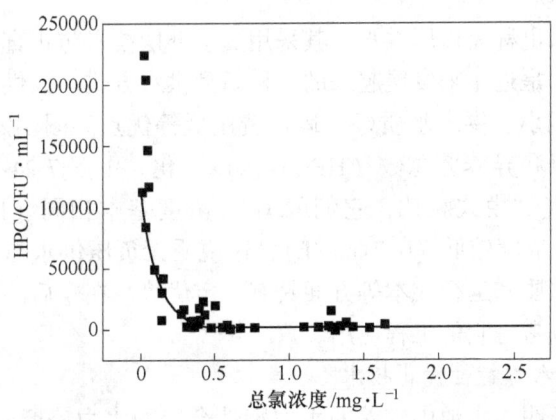

图 7-22    水温低于 25℃时二次供水最优余氯衰减模型

一方面，根据图 7-23 可知，供水管网改造前闵行示范区冬春季（12、1、2、3 和 4 月）余氯均达标，夏秋季（5~11 月）余氯浓度越低。这说明气温越高，余氯浓度越低（<0.3mg/L）。另一方面采用泵站补充加氯方法，使供水管网内总氯浓度维持在 0.5mg/L 左右，并编制形成《供水管网加氯技术指南》。

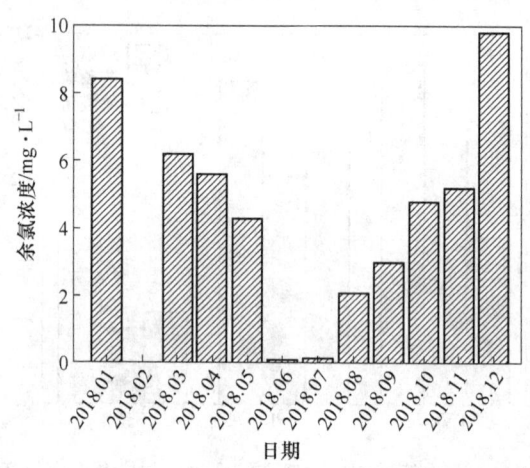

图 7-23 供水管网中余氯随季节变化规律

### 7.2.7 二次供水设施改造应用

为防止水质二次污染，确保稳定、安全供水，对上海市二次供水设施进行改造及示范建设，推广应用新型管材及节能设备，并做好管道材质更新、管道内外防腐和水池（水箱）运行模式优化等。

#### 7.2.7.1 老旧小区运行模式优化

A 无负压二次供水系统技术

管网叠压供水也称无负压供水，其采用真空补偿技术防止直接串联市政管网取水而产生负压，是近年来发展起来的一种新型供水方式。该供水方式具有综合造价低、占地面积小、供水水质好、运行费用低等优点。图 7-24 所示为不同二次供水模式中总氯和异养菌总数（HPC）浓度变化。由图 7-24 可知，无负压供水与管网末梢和直供模式相比，它们的 HPC 浓度基本相同（HPC 为 100CFU/mL），而前者总氯浓度较低（0.71mg/L），这说明无负压供水与传统二次供水模式相比，在供水水质和运行成本等方面具有一定优势。在今后的研究和二次供水设施改造中，可以考虑它的工程应用。

B 地下水池水力特性优化技术

大量的调查表明，水池中较差的水力特性会影响水力停留时间和水流状态，进而对水质产生不良影响，甚至使水质恶化。因此，优化水池（水箱）的水力特性对防止水质恶化具有重大意义。

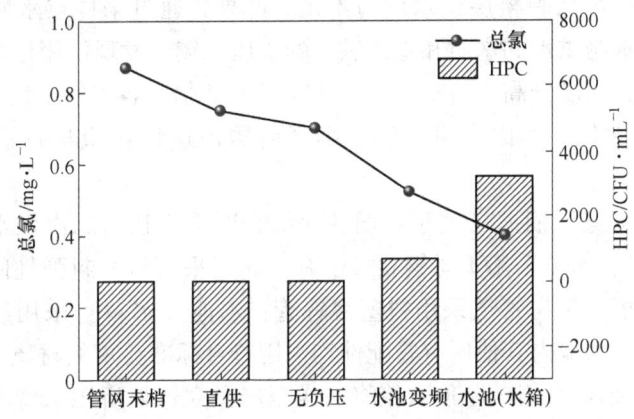

图 7-24　不同二次供水模式的总氯和 HPC 浓度

通过建立二维数学模型的基本方程，包括水流连续方程、水流动量方程、标准 $k$-$\varepsilon$ 紊流模型，模拟了传统水池和增设了导流板的水池中水力流场，分别如图 7-25 和图 7-26 所示。研究结果显示，在水池中加设导流板能使死水区面积减小；并且随着导流板的个数增多，池内水流速度不断增大，死水区面积明显减小。因此，可以考虑在传统水池中增设导流板，以改善二次供水水质。

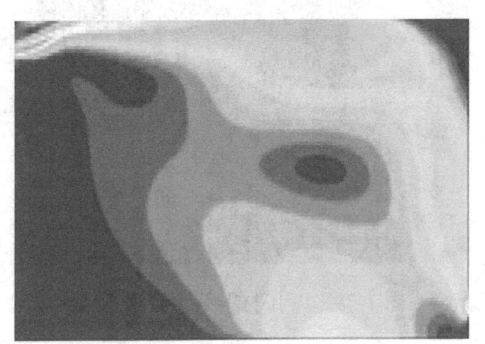

图 7-25　传统水池中水力流场模拟

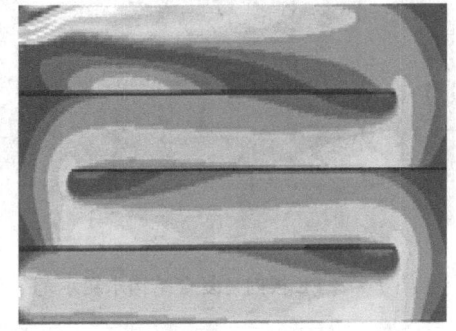

图 7-26　增设导流板后水池中水力流场模拟

此外，还将水池内原有机械浮球随用随补的运行模式调整为电动液位控制方式，以电力控制为主，水力控制作为保护。

C　水泵房及水箱供水模式优化

二次供水设施改造示范区：庆宁寺小区于 1994 年建造，位于浦东大道 2641 弄（6-42 号），所辖面积 41100m²，总户数 774 户，售后公房。二次供水设施改造前，小区内有 37 个水箱，水箱无内衬，有一座水泵房和两台水泵，水泵噪声大，开启扰民。小区内用户水表为非嵌墙表，立管和支管为镀锌管。小区街坊管有渗漏现象。居民反映楼层供水压力不足。此外，通过采样点水质检测数据分析，即用楼顶水箱供水的水质和直接供水的水质比较，发现使用楼顶水箱供水的水质浊度更高，浊度升高 1 倍左右，总铁升高 2~4 倍。各点的余氯均较高，锰和耗氧量无升高现象，无肉眼可见物。小区内居民迫切希望早日进行二次供水改造。

（1）改造方案：依据《关于在旧住房综合改造中执行二次供水设施改造标准要求的通知》，水泵采用不锈钢立式水泵，阀门采用软密封弹性闸阀，控制柜采用变频控制柜，泵房管道采用衬塑镀锌管；水池（水箱）采用经专业部门检验合格的瓷砖，水池内其他所有管配件均采用符合标准要求的材质。改造：采用 PE 板内衬复合结构水箱，屋顶水箱将水送至居民立管处所用水管材质为钢塑复合管，居民小区住宅楼内立管外移设置到公共部位，立管与支管采用 PPR 材料敷设，PE 板内衬复合结构水箱示范及 PPR 材料给水管道示范分别如图 7-27 和图 7-28 所示。

图 7-27　PE 板内衬复合结构水箱示范　　　　图 7-28　PPR 材料给水管道示范

（2）改造后水质情况：示范小区供水水质得到明显改善，余氯含量提高到 0.65mg/L，用户龙头水均保持有一定余氯；生物稳定性提高，细菌总数提高幅度明显下降，为 4CFU/mL；浊度由改造前 1.08NTU 明显下降到 0.25NTU；小区内街坊管、楼道立管更新后，水中铁、锰含量均下降到 0.02mg/L。此外，水中有机物含量有所下降，如总有机碳、四氯化碳和耗氧量均有下降，分别为 3.0mg/L、0.016mg/L 和 3.0mg/L。

7.2.7.2　新建小区高品质饮用水入户工程示范

A　新型二次供水系统设计

（1）生活与消防水池分离设置：生活、消防合用水池多见于高层建筑或建筑体量较大的建筑物,虽然两者合用可以减少地下水池容积、降低工作造价,但是池内水龄过长,容易造成水质恶化。因此,对于新建小区采用生活、消防水池分离设置,可以保证供水水质新鲜。

(2)供水管网环状设计。环状供水管道纵横相互接通,呈环状。环状管网供水可靠性较高,可以在支路管道出现问题时保证对用户正常供水;管道使用寿命较长,可减少水锤作用产生的危害;不存在管网末端水流缓慢问题,因此水质不易恶化。

(3)设置分区计量(DMA)系统。将示范小区二次供水管网分为若干个相对独立区域,并在每个区域的进水管和出水管上安装流量计,实现对各个区域入流量与出流量的监测,进而达到实时掌握区域供需水量和有效降低管网漏损率的目的。图 7-29 所示为分区计量(DMA)系统的组成示意图。

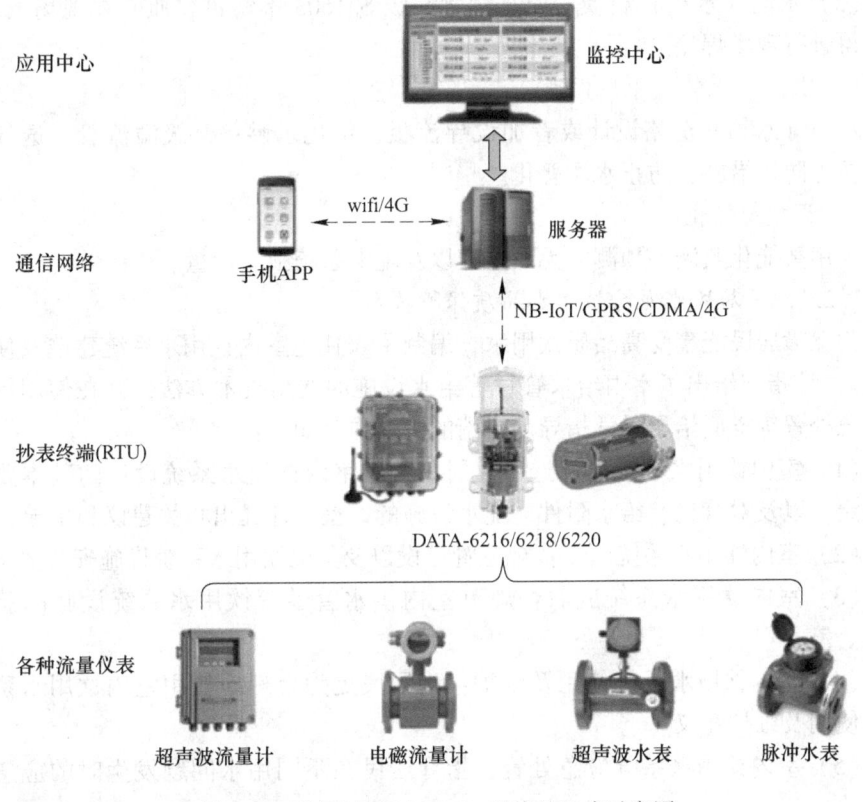

图 7-29 分区计量(DMA)系统的组成示意图

B 选择合理的二次供水模式

(1)在水压水量条件允许的居民小区,充分利用市政供水管网压力直接供水;

（2）当居民小区建筑高度不超过 100m 时，应采用"水池（水箱）+水泵变频调速增压"供水方式；

（3）条件允许时，也可选用管网叠压供水方式。

C　选择合理的二次供水管道材质

示范区居民小区住宅楼及室外敷设的二次供水管道材质，应按以下三种情况进行采用：

（1）居民小区室外埋地管道：当管径≥DN100mm 时，应优先采用球墨铸铁管；当管径≤DN100mm 时，应优先采用食品级覆塑不锈钢管。

（2）居民住宅楼建筑立管：室内外明敷管道应优先采用食品级 S31603 或以上等级的不锈钢管；对于应做绝热保温措施的管道，应采用 S30408 或以上等级不锈钢管；室内嵌墙敷设管道应优先采用食品级覆塑不锈钢管。

（3）水池（水箱）材质：应采用食品级 S31603 不锈钢材质，并现场安装，但不得进行现场焊接。

D　水池（水箱）水质保障。

水池（水箱）分格设计或者加设导流板，优化水龄；升级溢流管、透气孔和人防等防护措施，防止水质恶化。

E　设施智能化

采用智能化监测、预测、无人监守以及配电系统独立计量。

**7.2.7.3　居民水龙头饮用水品质保障技术**

为保障居民能享受高品质饮用水，编制了《住宅室内饮用水系统建造及使用指南》。该指南给出了室内给水管材等给水设施的选用技术方法，并在使用维护及应急处置等方面给予科学指导。指南的主要内容如下：

（1）室内饮用水系统设计选型：居民住宅室内饮用水系统设计的基本要求和规定，以及对管材、给水附件、配水设施的选型设计提出相关建议和指导。

（2）室内饮用水系统施工：规范管道设以及其他饮用水系统设施安装要求。

（3）室内饮用水系统验收：规范室内供水管道等饮用水系统设施的验收要求。

（4）室内饮用水系统使用及维护：为居民更为合理地使用室内饮用水系统提供使用及维护建议。

（5）室内饮用水系统应急处置：指导居民在不同用水问题发生时的应急处置方法。

**7.2.7.4　居民小区二次供水设施在线监测系统建设**

为实时掌握和预判二次供水设施水质状况，保障二次供水的安全稳定性，根据示范区内二次供水现状及特点，建立了二次供水监管系统。该系统包含了供水水质、压力、水箱液位、泵开停信号的监测，并将上述监测数据实时传送到二次供水部门的监控计算机系统。各项二次供水设施数据可以在计算机上显示，并生成数据库，供职能部门分析使用和历史数据查询、报表打印。图 7-30 所示为住宅小区内水质在线监测系统的工作流程。

在上海市宝山区共和一村、浦东新区南江苑、逸亭佳苑、康桥半岛、衡辰三林苑和普陀区梅六小区等 6 个居民小区进行了应用示范，对示范点二次供水设施的余氯、pH 值和浊度等水质指标进行监测，为保障饮用水水质安全提供技术支撑。水质监测点位置为小区泵房泵后管和屋顶水箱出水管。住宅小区居民既可通过小区门口显示屏上实时显示的余氯、水温和浊度 3 个指标（图 7-31）获知水质信息，也可用智能手机 APP 实时查询小区水质，相关水质信息还可在上海市卫计委网站进行查看。经过一年的实际应用，并参照《二次供水水质检测管理导则》规定的操作要求，表明示范点的水质监测指标数据稳定，符合生活饮用水标准要求。

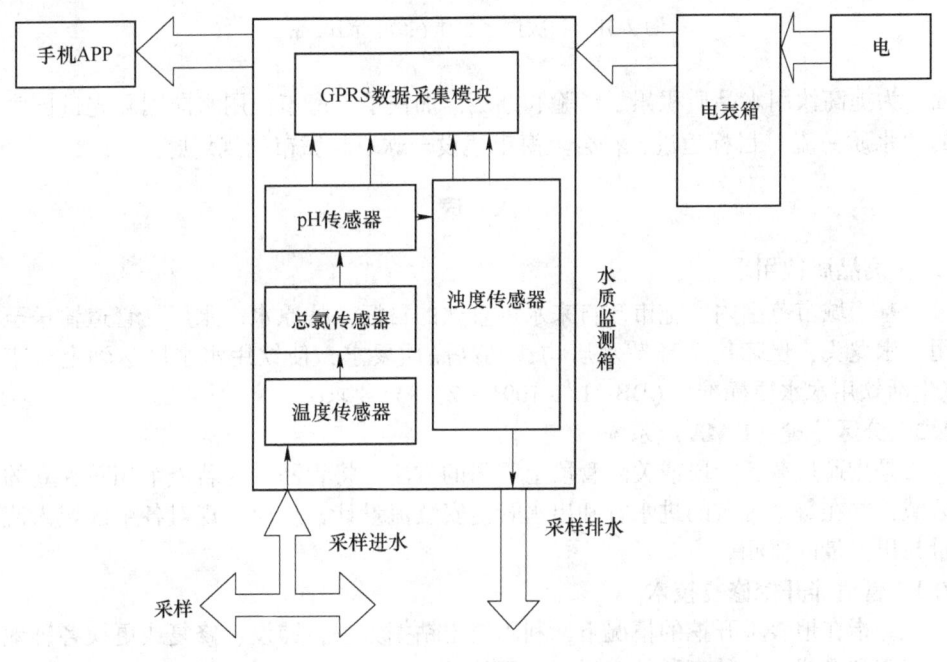

图 7-30　住宅小区内水质在线监测系统的运行流程

综上所述，高品质饮用水技术方案注重从源头到龙头提升水量和水质，即提供水源地、水厂、输水管网和二次供水设施的全过程供水安全保障和监控管理，对供水行业主管部门和供水企业实现高品质饮用水提供了指引；同时上海市颁布的《生活饮用水水质标准》高品质要求，为上海市对标国际先进水平，全面实现高品质饮用水目标提供了参考依据；通过高品质饮用水示范工程建设，以点带

图 7-31　二次供水水质在线监测设备

面，为提高饮用水品质积累了经验和办法，加快了上海市饮用水向国际先进国家的"水质一流"目标迈进，符合上海市建设全球卓越城市的规划愿景。

# 术　语

## 7.1　高品质饮用水

基于城市范围内实施市政自来水可直饮的目标，从原水、水厂、管道输送至用户水龙头，保障每个环节水质均达到高品质要求，使饮用水水质达到上海市《生活饮用水水质标准》（DB 31/T 1091—2018）要求。

## 7.2　分区计量（DMA）系统

是指通过截断管段或关闭管段上阀门的方法，将管网分为若干个相对独立的区域，并在每个区域的进水管和出水管上安装流量计，从而实现对各个区域入流量与出流量的监测。

## 7.3　管道非开挖修复技术

是指在地表不开挖的情况下，利用岩土钻掘方法，铺设、修复或更换各种地下管道和缆线的一种高科技实用新工程技术。

# 参 考 文 献

[1] 顾玉亮. 实现高品质饮用水目标的逆向思维 [J]. 净水技术，2018，37（1）：1-4.
[2] 朱慧峰. 上海市《生活饮用水水质标准》解读与高品质饮用水目标的展望 [J]. 净水技术，2018，37（8）：39-44.
[3] 黄怡，周文琪，陶诚. 城市二次供水系统水质管理模式浅析 [J]. 净水技术，2012，31（4）：24-26.

# 8 展　　望

2018 年底，上海市已基本完成 2000 年以前建造的居民住宅老旧二次供水设施改造。根据国家四部委、上海市相关文件要求和市领导指示精神，上海市 2020 年底完成居民住宅二次供水设施的移交接管工作，实现供水企业管水到表。供水企业在接管居民住宅二次供水设施后，要具体负责设施的运行管理、日常操作和维修养护。

下阶段工作要求：

（1）行业各单位要严格落实文件要求和市政府精神，分步有序推进，确保 2020 年底完成二次供水设施接管工作。

（2）过渡期内物业企业要配合供水企业做好解释宣传、移交接管等工作，协同做好居民日常用水的服务保障。

（3）要加快与住房城乡建设管理委、房屋管理局等部门的工作对接，早日出台工作方案，尽快启动二次供水设施产权归属研究。

（4）供水企业要按照《上海市供水规划（2019—2035 年）》建成"节水优先、安全优质、智慧低碳、服务高效"城市供水系统的目标，研究提高市政管网压力方案，提升城市供水设施布局水平，积极发挥一网调度优势，充分利用市政管网压力，合理优化二次供水模式，逐步调整应急备用设施，满足广大人民群众对放心优质、健康卫生饮用水的需求。

供水企业应突破传统管理模式，加强信息化管理水平，逐步建立二次供水设施管理信息化平台，提升设施运行的智能化水平；逐步设置在线水质、安防、技防等监控设施，并实现信息共享，提高运行效率，规范服务操作。

到 2035 年，上海市以切实提高城镇居民二次供水设施建设和管理水平为目标，改善供水水质和服务质量，促进节能降耗，加强治安防范，更好地保障生活饮用水质量。为上海实现具有世界影响力的社会主义现代化国际大都市的发展定位和城市精细化管理的总体要求，建成"节水优先、安全优质、智慧低碳、服务高效"的城市供水系统，供水水质对标世界发达国家同期水平，满足市民直饮需求。

# 冶金工业出版社部分图书推荐

| 书　名 | 作　者 | 定价(元) |
|---|---|---|
| 稀土冶金学 | 廖春发 | 35.00 |
| 计算机在现代化工中的应用 | 李立清　等 | 29.00 |
| 化工原理简明教程 | 张廷安 | 68.00 |
| 传递现象相似原理及其应用 | 冯权莉　等 | 49.00 |
| 化工原理实验 | 辛志玲　等 | 33.00 |
| 化工原理课程设计（上册） | 朱　晟　等 | 45.00 |
| 化工设计课程设计 | 郭文瑶　等 | 39.00 |
| 化工原理课程设计（下册） | 朱　晟　等 | 45.00 |
| 水处理系统运行与控制综合训练指导 | 赵晓丹　等 | 35.00 |
| 化工安全与实践 | 李立清　等 | 36.00 |
| 现代表面镀覆科学与技术基础 | 孟　昭　等 | 60.00 |
| 耐火材料学（第2版） | 李　楠　等 | 65.00 |
| 耐火材料与燃料燃烧（第2版） | 陈　敏　等 | 49.00 |
| 生物技术制药实验指南 | 董　彬 | 28.00 |
| 涂装车间课程设计教程 | 曹献龙 | 49.00 |
| 湿法冶金——浸出技术（高职高专） | 刘洪萍　等 | 18.00 |
| 冶金概论 | 宫　娜 | 59.00 |
| 烧结生产与操作 | 刘燕霞　等 | 48.00 |
| 钢铁厂实用安全技术 | 吕国成　等 | 43.00 |
| 金属材料生产技术 | 刘玉英　等 | 33.00 |
| 炉外精炼技术 | 张志超 | 56.00 |
| 炉外精炼技术（第2版） | 张士宪　等 | 56.00 |
| 湿法冶金设备 | 黄　卉　等 | 31.00 |
| 炼钢设备维护（第2版） | 时彦林 | 39.00 |
| 镍及镍铁冶炼 | 张凤霞　等 | 38.00 |
| 炼钢生产技术 | 韩立浩　等 | 42.00 |
| 炼钢生产技术 | 李秀娟 | 49.00 |
| 电弧炉炼钢技术 | 杨桂生　等 | 39.00 |
| 矿热炉控制与操作（第2版） | 石　富　等 | 39.00 |
| 有色冶金技术专业技能考核标准与题库 | 贾菁华 | 20.00 |
| 富钛料制备及加工 | 李永佳　等 | 29.00 |
| 钛生产及成型工艺 | 黄　卉　等 | 38.00 |
| 制药工艺学 | 王　菲　等 | 39.00 |